조리능력 향상의 길잡이

한식조리

구이

한혜영·김업식·박선옥·신은채 공저

(주)백산출판사

머리말

과학기술의 발달은 사회 변동을 촉진하고 그 결과 사회는 점점 빠르게 변화되고 있다.

사회가 발달하고 경제상황이 좋아짐에 따라 식생활문화는 풍요로워졌고, 음식문화에 대한 인식변화를 가져오게 되었다.

음식은 단순한 영양섭취 목적보다는 건강을 지키고 오감을 만족시켜 행복지수를 높이며, 음식커뮤니케이션의 기능과 함께 오락기능을 더하고 있다.

이에 전문 조리사는 다양한 직업으로 분업화·세분화되어 활동하게 되는데, 그 인기도는 조리 전문 방송 프로그램이 많아진 것을 보면 쉽게 알 수 있다.

현재 우리나라는 국가직무능력표준(NCS: national competency standards)을 개발하여 산업현장에서 직무를 수행하기 위해 요구되는 지식, 기술을 국가적 차원에서 표준화하고 있다.

이 책은 조리의 기초적인 부분부터 조리사가 알아야 하는 전반적인 내용을 담고 있어 산업현장에 적합한 인적자원 양성에 도움이 되는 전문서가 될 것으로 생각하며, 조리능력 향상에 길잡이가 될 것으로 믿는다.

왜냐하면 특급호텔인 롯데와 인터컨티넨탈에서 15년간의 현장 경험과 15년의 교육 경력을 바탕으로 정확한 레시피와 자세한 설명을 곁들여 정리하였기 때문이다.

조리학문 발전을 위해 노력하신 많은 선배님들께 감사드리며, 늘 배려를 아끼지 않으시는 백산출판사 사장님 이하 직원분들께 머리 숙여 깊은 감사를 드린다.

조리인이여~
넓은 세상을 보고 많은 꿈을 꾸며, 희망을 가지고 남다른 노력을 한다면, 소망과 꿈은 이루어지리라.

대표저자 **한혜영**

CONTENTS

○ 한식조리기능사 실기 품목

NCS − 학습모듈

대분류	음식서비스
중분류	식음료조리·서비스
소분류	음식조리

세분류	능력단위	학습모듈명
한식조리 양식조리 중식조리 일식·복어조리	한식 위생관리	한식 위생관리
	한식 안전관리	한식 안전관리
	한식 메뉴관리	한식 메뉴관리
	한식 구매관리	한식 구매관리
	한식 재료관리	한식 재료관리
	한식 기초 조리실무	한식 기초 조리실무
	한식 밥 조리	한식 밥 조리
	한식 죽 조리	한식 죽 조리
	한식 면류 조리	한식 면류 조리
	한식 국·탕 조리	한식 국·탕 조리
	한식 찌개 조리	한식 찌개 조리
	한식 전골 조리	한식 전골 조리
	한식 찜·선 조리	한식 찜·선 조리
	한식 조림·초 조리	한식 조림·초 조리
	한식 볶음 조리	한식 볶음 조리
	한식 전·적 조리	한식 전·적 조리
	한식 튀김 조리	한식 튀김 조리
	한식 구이 조리	**한식 구이 조리**
	한식 생채·회 조리	한식 생채·회 조리
	한식 숙채 조리	한식 숙채 조리
	김치 조리	김치 조리
	음청류 조리	음청류 조리
	한과 조리	한과 조리
	장아찌 조리	장아찌 조리

한식 구이 조리 학습모듈의 개요

학습모듈의 목표

육류, 어패류, 채소류, 버섯류 등의 재료를 소금이나 양념장에 재워 직접, 간접 화력으로 익혀낼 수 있다.

선수학습

조리매체와 방법, 한국음식문화의 시대적 발달, 한국음식의 양념과 고명

학습모듈의 내용체계

학습	학습내용	NCS 능력단위요소	
		코드번호	요소명칭
1. 구이 재료 준비하기	1-1. 구이 재료 준비 및 계량	1301010109_16v3.1	구이 재료 준비하기
	1-2. 구이 양념장 제조		
2. 구이 조리하기	2-1. 구이 조리	1301010109_16v3.2	구이 조리하기
3. 구이 담기	3-1. 구이 그릇 선택	1301010109_16v3.3	구이 담기
	3-2. 구이 제공		

핵심 용어

구이, 석쇠, 유장처리, 재료의 특성, 혼합비율, 계량법, 도구 사용, 재료 전처리, 불의 세기 조절

분류번호	1301010109_16v3
능력단위 명칭	한식 구이 조리
능력단위 정의	한식 구이 조리란 육류, 어패류, 채소류, 버섯류 등의 재료를 소금이나 양념장에 재워 직접, 간접 화력으로 이혀낼 수 있는 능력이다.

능력단위요소	수행준거
1301010109_16v3.1 구이 재료 준비하기	1.1 구이의 종류에 맞추어 도구와 재료를 준비할 수 있다. 1.2 조리에 사용하는 재료를 필요량에 맞게 계량할 수 있다. 1.3 재료에 따라 요구되는 전처리를 수행할 수 있다. 1.4 양념장 재료를 비율대로 혼합, 조절할 수 있다. 1.5 필요에 따라 양념장을 숙성할 수 있다.
	【지식】 • 구이 재료 계량 • 도구의 종류와 사용법 • 재료 선별법 • 재료 전처리 • 재료 특성 • 양념 재료의 특성 • 양념장의 혼합 비율 계량법 • 재료에 맞는 양념선별
	【기술】 • 구이의 종류에 맞는 도구사용 능력 • 자르기의 능력 • 전처리를 할 수 있는 능력 • 재료 준비 능력 • 양념장을 만드는 능력 • 양념종류별 사용 능력 • 재료 배합비율 조절능력
	【태도】 • 관찰태도 • 바른 작업 태도 • 반복훈련태도 • 안전사항 준수태도 • 위생관리태도

1301010109_16v3.2 구이 조리하기	2.1 구이종류에 따라 유장처리나 양념을 할 수 있다. 2.2 구이종류에 따라 초벌구이를 할 수 있다. 2.3 온도와 불의 세기를 조절하여 익힐 수 있다. 2.4 구이의 색, 형태를 유지할 수 있다.
	【지식】 • 열원에 따른 직화, 간접구이 법 • 재료 특성 • 구이 종류의 특성 • 조리과정 중의 물리화학적 변화에 관한 조리과학적 지식
	【기술】 • 구이 기술능력 • 구이 특성에 맞는 조리능력 • 도구 준비능력 • 양념 첨가하여 재우는 기술 • 화력 조절능력
	【태도】 • 관찰태도 • 바른 작업 태도 • 조리과정을 관찰하는 태도 • 실험조리를 수행하는 과학적 태도 • 안전사항 준수태도 • 위생관리태도
1301010109_16v3.3 구이 담기	3.1 조리종류와 색, 형태, 인원수, 분량 등을 고려하여 그릇을 선택할 수 있다. 3.2 조리한 음식을 부서지지 않게 담을 수 있다. 3.3 구이 종류에 따라 따뜻한 온도를 유지하여 담을 수 있다. 3.4 조리종류에 따라 고명으로 장식할 수 있다.
	【지식】 • 고명종류 • 구이의 특성 • 구이 조리에 따른 그릇 선택
	【기술】 • 고명을 얹어내는 능력 • 그릇과 조화를 고려하여 담는 능력 • 구이에 맞는 그릇 선택능력
	【태도】 • 관찰태도 • 바른 작업 태도 • 반복훈련태도 • 안전사항 준수태도 • 위생관리태도

적용범위 및 작업상황

고려사항

- 구이 조리 능력단위는 다음 범위가 포함된다.
  - 구이류 : 더덕구이, 생선구이, 북어구이, 오징어구이, 제육구이, 불고기, 너비아니구이, 뱅어포구이, 맥적구이, 갈비구이 등
- 구이의 전처리란 다듬기, 씻기, 수분제거, 핏물제거, 자르기를 말한다.
- 구이의 색과 형태의 유지란 부스러지지 않고, 타지 않게 굽는 것을 말한다.
- 구이의 양념
  - 소금구이 : 방자구이, 생선소금구이 등
  - 간장양념구이 : 너비아니구이, 불고기, 염통구이, 콩팥구이, 소갈비구이 등
  - 고추장양념구이 : 제육구이, 북어구이, 병어고추장구이, 더덕구이 등
- 양념하여 재워두는 시간은 양념 후 30분 정도가 좋으며 간을 하여 오래두면 육즙이 빠져 맛이 없고 육질이 질겨지므로 부드럽지 않은 구이가 된다.
- 유장처리는 (간장과 참기름을 섞은 것) 고추장 양념을 발라 구우면 타기 쉬우므로 유장처리 하여 먼저 구워 초벌구이할 때 사용한다.
- 구이의 따뜻한 온도는 75℃ 이상을 말한다.
- 구이의 열원
  - 직접구이 : 복사열로 석쇠나 브로일러를 사용하여 조리할 식품을 직접 불 위에 올려 굽는 방법
  - 간접구이 : 금속판에 의하여 열이 전달되는 전도열로 철판이나 프라이팬에 기름을 두르고 지지는 것

자료 및 관련 서류

- 한식조리 전문시적
- 조리원리 전문서적, 관련 자료
- 식품재료 관련 전문서적
- 식품위생법규 전문서적
- 원산지 확인서
- 조리도구 관리 체크리스트
- 조리도구 관련서적
- 식품영양 관련서적
- 식품재료의 원가, 구매, 저장 관련서적
- 안전관리수칙 서적
- 매뉴얼에 의한 조리과정, 조리결과 체크리스트
- 식자재 구매 명세서

장비 및 도구

- 조리용 칼, 도마, 그릇, 양푼, 석쇠, 프라이팬, 믹서, 계량저울, 계량컵, 계량스푼, 조리용 젓가락, 온도계, 체, 조리용 집게 등
- 가스레인지, 전기레인지 또는 가열도구
- 조리복, 조리모, 앞치마, 조리안전화, 행주, 분리수거용 봉투 등

재료

- 어패류, 육류, 채소류, 장류, 양념류 등

평가지침

평가방법

- 평가자는 능력단위 한식 구이 조리의 수행준거에 제시되어 있는 내용을 평가하기 위해 이론과 실기를 나누어 평가하거나 종합적인 결과물의 평가 등 다양한 평가 방법을 사용할 수 있다.
- 피평가자의 과정평가 및 결과평가 방법

평가방법	평가유형	
	과정평가	결과평가
A. 포트폴리오	V	V
B. 문제해결 시나리오		
C. 서술형시험	V	V
D. 논술형시험		
E. 사례연구		
F. 평가자 질문	V	V
G. 평가자 체크리스트	V	V
H. 피평가자 체크리스트		
I. 일지/저널		
J. 역할연기		
K. 구두발표		
L. 작업장평가	V	V
M. 기타		

- 수행준거에 제시되어 있는 내용을 성공적으로 수행할 수 있는지를 평가해야 한다
- 평가자는 다음 사항을 평가해야 한다.

  - 조리복, 조리모 착용 및 개인 위생 준수능력
  - 위생적인 조리과정
  - 식재료 손질 및 준비 과정
  - 조리순서 과정
  - 불의 세기와 시간조절 능력
  - 반죽 배합비율에 따른 농도조절 능력
  - 기름의 온도조절 및 취급 능력
  - 조리의 숙련정도
  - 구이 조리도구 사용능력
  - 초벌구이 능력
  - 구이 조리의 조리능력
  - 구이 조리의 완성도
  - 조화롭게 담아내는 능력
  - 조리도구의 사용 전, 후 세척
  - 조리 후 정리정돈 능력

직업기초능력

순번	직업기초능력	
	주요영역	하위영역
1	의사소통능력	경청 능력, 기초외국어 능력, 문서이해 능력, 문서작성 능력, 의사표현 능력
2	문제해결능력	문제처리 능력, 사고력
3	자기개발능력	경력개발 능력, 자기관리 능력, 자아인식 능력
4	정보능력	정보처리 능력, 컴퓨터활용 능력
5	기술능력	기술선택 능력, 기술이해 능력, 기술적용 능력
6	직업윤리	공동체윤리, 근로윤리

개발·개선 이력

구분		내용
직무명칭(능력단위명)		한식조리(한식 구이 조리)
분류번호	기존	1301010109_14v2
	현재	1301010109_16v3
개발·개선연도	현재	2016
	최초(1차)	2014
버전번호		v3
개발·개선기관	현재	(사)한국조리기능장협회
	최초(1차)	
향후 보완 연도(예정)		–

한식조리 구이

이론
&
실기

한식조리 구이 이론

◆ 구이

　구이(炙伊)는 인류가 불을 이용해 가장 먼저 조리한 음식이다. 끓이거나 조리는 음식은 그릇이 생긴 다음에 시작되었지만 구이는 특별한 기구가 없어도 불에 쬐기만 해도 되기 때문이다. 우리 조상들은 상고시대부터 고기구이를 잘 만들었다는 기록이 있다. 불고기는 근래에 생겨난 말로 본래는 얇게 저며서 구운 '너비아니'였고, 소금구이는 '방자구이'라고 하였다.

　양념에는 간장, 고추장, 소금양념이 있으며, 미리 양념을 하였다가 굽는 방법과 구우면서 양념하는 방법이 있다.

　구이에는 직화법과 간접법이 있다.

　직화법(直火法)으로 가까운 불로 굽는 것을 번(燔)이라 하고, 먼 불로 쬐어 굽는 것을 적(炙)이라 한다. 또한 약한 불로 따뜻하게 하는 것을 은(檼)이라 한다.

　간접법은 새빨갛게 달군 돌 위에서 굽는 것이다. 간접적으로 돌 위에 구우니 열과 가까워서 번이라 하겠고, 그러다가 철판 위에서 굽게 되니 철판은 번철이라 하게 된 것 같다.

　한편, 재료를 종이나 흙에 싸서 굽는 포(炮), 재료를 종이나 흙에 싸서 뜨거운 재에 묻거나 밀폐된 그릇 속에서 가열하는 외증(煨蒸) 등이 있다. 이때는 재료의 수분이 수증기가 되어 밀폐된 공간 속에 남기 때문에 찜구이가 되니 자법(煮法)에서 다루기도 한다. 그리고 직화(直火)로 쬐어 구울 때는 본디 첨자(籤子)에 꿰어서 구웠으나 철이 많이 생산됨에 따라 석쇠를 쓰게 되었다. 1800년대 초엽에 철사석쇠가 있었던 것이다. 그런데 《음식디미방》의 '동아적'에 "적쇠에 놓고 만화로 무르게 굽는다"는 말이 나온다. 적쇠가 철사로 만든 오늘날의 이른바 석쇠인지는 모르겠다. 석쇠는 적을 위한 용구이기 때문인지

《사례편람》에서는 이것을 적철(炙鐵)이라 표기하고 있다.

우리나라 전통적인 고기구이는 맥적(貊炙)으로, 맥은 중국의 동북지방이니 고구려를 가리키며, 맥적은 고구려 사람들이 고기구이이다. 중국에까지 널리 알려졌던 맥적은 고려시대가 되면서 불교의 영향으로 살생금지와 육식 절제생활로 소의 도살법이나 조리법이 잊혀졌으나 몽골 사람의 영향으로 옛 요리법을 되찾게 되고 개성에서 설하멱(雪下覓)이라는 이름으로 되살아났는데 이것이 오늘날의 너비아니로 이어지고 있다.

《음식디미방》 '가지누르미조'에 "가지를 설하멱처럼"이란 말이 나오니 1600년대 말엽에도 설하멱은 보편적인 조리품이었다는 것을 알 수 있다. 《해동죽지》에서는 또 설야적(雪夜炙)은 개성부에 예부터 내려오는 명물로서 만드는 법은 쇠갈비나 염통을 기름과 훈채(葷菜)로 조미하여 굽다가 반쯤 익으면 냉수에 담고 센 숯불에 다시 구워 익히면 눈 오는 겨울밤의 술안주에 좋고 고기가 몹시 연하여 맛이 좋다고 하였다.

구이는 일상식과 의례음식에서 빼놓을 수 없는 찬물로, 제사상이나 큰 상에 올릴 때는 적이라 하고, 제사에는 백지, 혼인, 회갑에는 황, 홍, 청 3색 종이를 주름잡아 사지를 감아서 곱게 장식하여 사용하였다. 이렇듯 구이와 적은 근원적인 차이는 없고 다만 관습적인 구분을 하고 있는 것으로 명칭상 범벅이 되어 있다.

《조선요리제법》에는 적과 구이로 나누고 적은 산적을 가리키며, 《조선무쌍신식요리제법》에는 적과 구이로 나누고 적은 꼬챙이에 꿰어서 굽는 것이나 예외도 있다고 하였다. 《조선요리법》에서는 구이 속에 적과 구이를 함께 다루고 있다.

수조육류구이 종류에는 콩팥구이, 토끼고기구이, 산적, 멧돼지구이, 누름적, 돼지누름적, 화양적, 소고기느름이, 우육인, 각색화양적, 낙제화양적, 양색화양적, 양화양적, 천엽화양적, 가리구이, 간구이, 꿩구이, 너비아니구이, 닭구이, 돼지고기구이, 돼지족구이, 메추라기구이, 사슬적, 사슴구이, 섭산적, 약산적, 양구이, 양귀구이, 양혀구이, 양비계구이, 양지머리편육구이, 염통너비아니, 오리고기구이, 우고적방, 우두적방, 잡주름적, 장산적, 적양육, 적양척려, 적양협골, 족구이, 참새구이 등이 있다.

해산물구이 종류에는 가물치구이, 갈치구이, 제구이, 고등어구이, 꼴뚜기구이, 꽁치된장구이, 광어산적, 굴비구이, 김구이, 주치구이, 도루묵구이, 도미구이, 명란구이, 미역구이, 민어구이, 밴댕이구이, 방어구이, 뱅어포구이, 병어구이, 불락구이, 붕어구이, 북어구이, 비웃구이, 삼치구이, 상어포구이, 생선구이, 소라꼬치구이, 숭어구이, 오징어구이, 어산적, 옥도미구이, 잉어구이, 웅어구이, 자라구이, 자반연어구이, 장어구이, 전복구이, 전어구이, 조기구이, 패주산적, 해삼꼬치, 대하구이, 대합구이, 멸치

장산적, 궤누름적, 석화느름, 대구지짐구이, 어하양적, 생복양적, 준치구이 등이 있다.

채소류, 해조류 구이의 종류에는 가지구이, 늙은 호박구이, 더덕구이, 도라지적, 동화느름, 두릅적, 마늘종구이, 모과구이, 미역구이 등이 있다.

구이(炙)에 마늘, 생강을 처음 사용한 문헌은 《음식디미방(1670)》의 대합구이였다. 후추, 기름장의 사용은 1600년 말엽 《주방문》의 석화느름이었고, 꿀, 깨소금은 《시의전서(1800)》의 생선구이에 사용하였으며, 설탕은 《조선무쌍신식요리제법》에서부터 일반화되었고, 고추장은 《조선요리법(1938)》에서, 화학조미료는 《사계의 조선요리(1935)》에서 처음으로 사용하였음을 알 수 있다.

참고문헌

· 고급한국음식(조미자 외, 교문사, 2011)

· 우리가 정말 알아야 할 우리 음식 백가지(한복진, 현암사, 1998)

· 한국민족문화대백과사전(한국학중앙연구원, 1991)

· 한국의 음식문화(이효지, 신광출판사, 1998)

방자구이

재료

- 소고기 등심 500g
- 소금 적당량
- 후춧가루 약간
- 상추 200g
- 대파(흰 부분) 100g

생채양념

- 간장 2큰술
- 고춧가루 2작은술
- 식초 1큰술
- 설탕 2작은술
- 깨소금 2작은술
- 참기름 2작은술

기름장

- 소금 1큰술
- 참기름 4큰술
- 후춧가루 약간

만드는 법

재료 확인하기

1 소고기 등심, 소금, 후춧가루, 상추, 대파, 간장 등 확인하기

사용할 도구 선택하기

2 프라이팬, 나무젓가락 등을 선택하여 준비한다.

재료 계량하기

3 각각의 재료 분량을 컵과 계량스푼, 저울로 계량하기

재료 준비하기

4 소고기는 잔칼집을 넣어 연하게 한다.
5 대파의 흰 부분만 고운 채로 썰어 찬물에 담가 매운맛을 뺀다. 싱싱
   하게 살아나면 물기를 제거한다.
6 상추는 손으로 뜯어 먹기 좋은 크기로 만든다.

양념장 만들기

7 분량의 재료를 섞어 생채양념장을 만든다.
8 분량의 재료를 섞어 소금 기름장을 만든다.

조리하기

9 준비해 놓은 대파와 상추를 섞고, 파 무침 양념장을 넣어 가볍게 버
   무린다.
10 식탁에 석쇠나 달군 팬을 놓고 소고기를 얹어 소금과 후춧가루를
   뿌려 굽는다.

담아 완성하기

11 방자구이 담을 그릇을 선택한다.
12 방자구이를 따뜻하게 담아내고 상추생채와 기름장을 곁들여낸다.

| 평가자 체크리스트

학습내용	평가 항목	성취수준		
		상	중	하
구이 재료 준비	측정도구와 계량 방법 선택			
	구이 종류에 따른 재료 준비 방법			
	재료에 따라 요구되는 전처리 방법			
구이 양념장 제조	양념장 재료를 비율대로 혼합, 조절하는 방법			
	필요에 따라 양념장을 숙성하는 방법			
구이 조리	유장처리하는 방법			
	초벌구이를 하는 방법			
	불을 조절하는 능력			
	재료의 형태와 색을 고려하여 조리하는 능력			
구이 그릇 선택	재료의 형태에 따른 그릇 선택의 능력			
	분량에 따른 그릇 선택 능력			
구이 그릇 선택	고명을 장식하는 능력			
	완성품을 담아 제공하는 능력			

| 서술형 시험

학습내용	평가 항목	성취수준		
		상	중	하
구이 재료 준비	구이용 재료에 적합한 계량하는 방법			
	구이에 적합한 도구 선택과 재료 손질 방법			
	재료에 따른 전처리 방법			
구이 양념장 제조	양념장을 비율대로 조절하여 혼합하는 방법			
	양념장을 적합하게 숙성시키는 방법			
구이 조리	유장을 하여 굽는 이유			
	초벌구이를 하는 방법			
	불의 세기를 조절해야 하는 이유			
	석쇠에 재료가 붙지 않도록 하는 방법			
구이 그릇 선택	재료 및 형태에 따른 그릇 선택 시 고려사항			
	분량에 따른 그릇 선택 방법			
구이 제공	고명을 사용하는 목적			
	음식의 맛과 온도와의 관계			

작업장 평가

학습내용	평가 항목	성취수준		
		상	중	하
구이 재료 준비	조리에 사용하는 재료를 필요량에 맞게 계량하는 능력			
	구이 종류에 따라 도구를 선택하고 준비할 수 있는 능력			
	재료에 따라 전처리를 하는 능력			
구이 양념장 제조	양념장을 비율대로 혼합, 조절하는 능력			
	필요시 양념장을 숙성하는 능력			
구이 조리	구이에 따라 유장처리나 양념을 하는 능력			
	재료의 특성을 고려하여 초벌구이하는 능력			
	불의 세기를 조절하여 조리하는 능력			
	재료의 색과 형태를 유지해서 조리하는 능력			
구이 그릇 선택	구이 종류에 따른 그릇의 선택			
	분량에 따른 그릇의 선택			
구이 제공	고명을 사용하는 능력			
	그릇에 음식을 담는 능력			

학습자 완성품 사진

맥적

재료

- 돼지고기 목살 400g
- 부추 10g

양념장

- 된장 1큰술
- 물 1큰술
- 국간장 2큰술
- 청주 1큰술
- 다진 마늘 1큰술
- 물엿 1큰술
- 설탕 1/2큰술
- 참기름 1/2큰술
- 참깨 1/2작은술

만드는 법

재료 확인하기

1 돼지고기 목살, 부추, 된장, 국잔장, 설탕 등 확인하기

사용할 도구 선택하기

2 프라이팬, 나무젓가락 등을 선택하여 준비한다.

재료 계량하기

3 각각의 재료 분량을 컵과 계량스푼, 저울로 계량하기

재료 준비하기

4 돼지고기는 1cm 두께로 썰어 잔 칼집을 넣는다.
5 부추는 송송 썬다.

양념장 만들기

6 양념 재료를 모두 섞어 양념을 만든다.

조리하기

7 돼지고기 목살에 양념을 넣어 잘 버무린다.
8 석쇠 또는 팬에 구워 한입 크기로 썬다.

담아 완성하기

9 맥적 담을 그릇을 선택한다.
10 맥적을 따뜻하게 담아낸다.

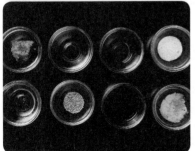

평가자 체크리스트

학습내용	평가 항목	성취수준		
		상	중	하
구이 재료 준비	측정도구와 계량 방법 선택			
	구이 종류에 따른 재료 준비 방법			
	재료에 따라 요구되는 전처리 방법			
구이 양념장 제조	양념장 재료를 비율대로 혼합, 조절하는 방법			
	필요에 따라 양념장을 숙성하는 방법			
구이 조리	유장처리하는 방법			
	초벌구이를 하는 방법			
	불을 조절하는 능력			
	재료의 형태와 색을 고려하여 조리하는 능력			
구이 그릇 선택	재료의 형태에 따른 그릇 선택의 능력			
	분량에 따른 그릇 선택 능력			
구이 그릇 선택	고명을 장식하는 능력			
	완성품을 담아 제공하는 능력			

서술형 시험

학습내용	평가 항목	성취수준		
		상	중	하
구이 재료 준비	구이용 재료에 적합한 계량하는 방법			
	구이에 적합한 도구 선택과 재료 손질 방법			
	재료에 따른 전처리 방법			
구이 양념장 제조	양념장을 비율대로 조절하여 혼합하는 방법			
	양념장을 적합하게 숙성시키는 방법			
구이 조리	유장을 하여 굽는 이유			
	초벌구이를 하는 방법			
	불의 세기를 조절해야 하는 이유			
	석쇠에 재료가 붙지 않도록 하는 방법			
구이 그릇 선택	재료 및 형태에 따른 그릇 선택 시 고려사항			
	분량에 따른 그릇 선택 방법			
구이 제공	고명을 사용하는 목적			
	음식의 맛과 온도와의 관계			

작업장 평가

학습내용	평가 항목	성취수준		
		상	중	하
구이 재료 준비	조리에 사용하는 재료를 필요량에 맞게 계량하는 능력			
	구이 종류에 따라 도구를 선택하고 준비할 수 있는 능력			
	재료에 따라 전처리를 하는 능력			
구이 양념장 제조	양념장을 비율대로 혼합, 조절하는 능력			
	필요시 양념장을 숙성하는 능력			
구이 조리	구이에 따라 유장처리나 양념을 하는 능력			
	재료의 특성을 고려하여 초벌구이하는 능력			
	불의 세기를 조절하여 조리하는 능력			
	재료의 색과 형태를 유지해서 조리하는 능력			
구이 그릇 선택	구이 종류에 따른 그릇의 선택			
	분량에 따른 그릇의 선택			
구이 제공	고명을 사용하는 능력			
	그릇에 음식을 담는 능력			

학습자 완성품 사진

삼겹살구이

재료

- 삼겹살 600g
- 새송이버섯 4개
- 생표고버섯 8개
- 양파 1개
- 소금 약간
- 후춧가루 약간

양념장
- 참기름 2큰술
- 소금 1/2큰술
- 후춧가루 1/8작은술

만드는 법

재료 확인하기
1 삼겹살, 새송이버섯, 생표고버섯, 양파, 소금, 후춧가루 등 확인하기

사용할 도구 선택하기
2 프라이팬, 석쇠, 나무젓가락 등을 선택하여 준비한다.

재료 계량하기
3 각각의 재료 분량을 컵과 계량스푼, 저울로 계량하기

재료 준비하기
4 돼지고기는 0.5cm 두께로 썰어 잔 칼집을 넣는다.
5 새송이버섯은 모양을 살려 길게 썬다.
6 생표고버섯은 밑동을 떼어낸다.
7 양파는 껍질을 벗기고 0.5cm 두께로 썬다.

조리하기
8 달구어진 팬 또는 석쇠에 고기와 버섯, 양파를 익힌다. 이때 소금과 후춧가루를 뿌려가며 굽는다.
9 기름장 재료를 모두 섞어 기름장을 만든다.

담아 완성하기
10 삼겹살구이 담을 그릇을 선택한다.
11 삼겹살구이를 따뜻하게 담아낸다. 기름장을 곁들여낸다.

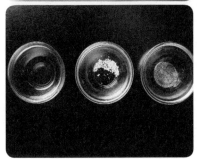

학습
평가

평가자 체크리스트

학습내용	평가 항목	성취수준		
		상	중	하
구이 재료 준비	측정도구와 계량 방법 선택			
	구이 종류에 따른 재료 준비 방법			
	재료에 따라 요구되는 전처리 방법			
구이 양념장 제조	양념장 재료를 비율대로 혼합, 조절하는 방법			
	필요에 따라 양념장을 숙성하는 방법			
구이 조리	유장처리하는 방법			
	초벌구이를 하는 방법			
	불을 조절하는 능력			
	재료의 형태와 색을 고려하여 조리하는 능력			
구이 그릇 선택	재료의 형태에 따른 그릇 선택의 능력			
	분량에 따른 그릇 선택 능력			
구이 그릇 선택	고명을 장식하는 능력			
	완성품을 담아 제공하는 능력			

서술형 시험

학습내용	평가 항목	성취수준		
		상	중	하
구이 재료 준비	구이용 재료에 적합한 계량하는 방법			
	구이에 적합한 도구 선택과 재료 손질 방법			
	재료에 따른 전처리 방법			
구이 양념장 제조	양념장을 비율대로 조절하여 혼합하는 방법			
	양념장을 적합하게 숙성시키는 방법			
구이 조리	유장을 하여 굽는 이유			
	초벌구이를 하는 방법			
	불의 세기를 조절해야 하는 이유			
	석쇠에 재료가 붙지 않도록 하는 방법			
구이 그릇 선택	재료 및 형태에 따른 그릇 선택 시 고려사항			
	분량에 따른 그릇 선택 방법			
구이 제공	고명을 사용하는 목적			
	음식의 맛과 온도와의 관계			

작업장 평가

학습내용	평가 항목	성취수준		
		상	중	하
구이 재료 준비	조리에 사용하는 재료를 필요량에 맞게 계량하는 능력			
	구이 종류에 따라 도구를 선택하고 준비할 수 있는 능력			
	재료에 따라 전처리를 하는 능력			
구이 양념장 제조	양념장을 비율대로 혼합, 조절하는 능력			
	필요시 양념장을 숙성하는 능력			
구이 조리	구이에 따라 유장처리나 양념을 하는 능력			
	재료의 특성을 고려하여 초벌구이하는 능력			
	불의 세기를 조절하여 조리하는 능력			
	재료의 색과 형태를 유지해서 조리하는 능력			
구이 그릇 선택	구이 종류에 따른 그릇의 선택			
	분량에 따른 그릇의 선택			
구이 제공	고명을 사용하는 능력			
	그릇에 음식을 담는 능력			

학습자 완성품 사진

소갈비구이

재료

· 소갈비 1kg

양념장

· 간장 4큰술
· 설탕 2큰술
· 다진 대파 3큰술
· 다진 마늘 1½큰술
· 깨소금 1½큰술
· 참기름 1½큰술
· 후춧가루 약간
· 배즙 4큰술

만드는 법

재료 확인하기

1 소갈비, 간장, 설탕, 대파, 마늘, 깨소금 등 확인하기

사용할 도구 선택하기

2 프라이팬 또는 석쇠, 나무젓가락 등을 선택하여 준비한다.

재료 계량하기

3 각각의 재료 분량을 컵과 계량스푼, 저울로 계량하기

재료 준비하기

4 갈비를 6~7cm 길이로 토막낸다.
5 갈비뼈의 한편으로 칼을 넣어 고기를 얇게 저며 편 뒤 약 0.7cm 너비로 칼집을 넣는다.

양념장 만들기

6 재료를 모두 섞어 양념장을 만든다.

조리하기

7 양념장에 손질한 갈비에 적시듯이 고르게 무쳐 양념이 잘 들게 잰다.
8 석쇠를 뜨겁게 달구어 갈비를 올리고 한 면이 거의 익었을 때 뒤집어 나머지 한 면을 굽는다. 이때 갈비를 쟀던 양념장을 바르면서 구워 윤이 나도록 하고 뼈에 힘줄이 오그라들게 하여 떼어 먹기 좋게 한다.

담아 완성하기

9 소갈비구이 담을 그릇을 선택한다.
10 소갈비구이를 따뜻하게 담아낸다.

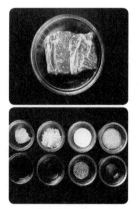

| 평가자 체크리스트

학습내용	평가 항목	성취수준		
		상	중	하
구이 재료 준비	측정도구와 계량 방법 선택			
	구이 종류에 따른 재료 준비 방법			
	재료에 따라 요구되는 전처리 방법			
구이 양념장 제조	양념장 재료를 비율대로 혼합, 조절하는 방법			
	필요에 따라 양념장을 숙성하는 방법			
구이 조리	유장처리하는 방법			
	초벌구이를 하는 방법			
	불을 조절하는 능력			
	재료의 형태와 색을 고려하여 조리하는 능력			
구이 그릇 선택	재료의 형태에 따른 그릇 선택의 능력			
	분량에 따른 그릇 선택 능력			
구이 그릇 선택	고명을 장식하는 능력			
	완성품을 담아 제공하는 능력			

| 서술형 시험

학습내용	평가 항목	성취수준		
		상	중	하
구이 재료 준비	구이용 재료에 적합한 계량하는 방법			
	구이에 적합한 도구 선택과 재료 손질 방법			
	재료에 따른 전처리 방법			
구이 양념장 제조	양념장을 비율대로 조절하여 혼합하는 방법			
	양념장을 적합하게 숙성시키는 방법			
구이 조리	유장을 하여 굽는 이유			
	초벌구이를 하는 방법			
	불의 세기를 조절해야 하는 이유			
	석쇠에 재료가 붙지 않도록 하는 방법			
구이 그릇 선택	재료 및 형태에 따른 그릇 선택 시 고려사항			
	분량에 따른 그릇 선택 방법			
구이 제공	고명을 사용하는 목적			
	음식의 맛과 온도와의 관계			

작업장 평가

학습내용	평가 항목	성취수준		
		상	중	하
구이 재료 준비	조리에 사용하는 재료를 필요량에 맞게 계량하는 능력			
	구이 종류에 따라 도구를 선택하고 준비할 수 있는 능력			
	재료에 따라 전처리를 하는 능력			
구이 양념장 제조	양념장을 비율대로 혼합, 조절하는 능력			
	필요시 양념장을 숙성하는 능력			
구이 조리	구이에 따라 유장처리나 양념을 하는 능력			
	재료의 특성을 고려하여 초벌구이하는 능력			
	불의 세기를 조절하여 조리하는 능력			
	재료의 색과 형태를 유지해서 조리하는 능력			
구이 그릇 선택	구이 종류에 따른 그릇의 선택			
	분량에 따른 그릇의 선택			
구이 제공	고명을 사용하는 능력			
	그릇에 음식을 담는 능력			

학습자 완성품 사진

LA갈비구이

재료

· LA갈비 1kg

양념장

· 간장 4큰술
· 설탕 2큰술
· 다진 대파 3큰술
· 다진 마늘 1½큰술
· 깨소금 1½큰술
· 참기름 1½큰술
· 후춧가루 약간
· 배즙 4큰술

만드는 법

재료 확인하기

1 LA갈비, 간장, 설탕, 대파, 마늘, 깨소금, 참기름 등 확인하기

사용할 도구 선택하기

2 프라이팬, 석쇠, 나무젓가락 등을 선택하여 준비한다.

재료 계량하기

3 각각의 재료 분량을 컵과 계량스푼, 저울로 계량하기

재료 준비하기

4 흐르는 물에 뼈를 문질러 깨끗이 씻은 LA 갈비는 키친타월로 핏물을 제거한다.

양념장 만들기

5 재료를 모두 섞어 양념장을 만든다.

조리하기

6 양념장에 손질한 LA갈비에 적시듯이 고르게 무쳐 양념이 잘 들게 잰다.

7 석쇠를 뜨겁게 달구어 갈비를 올리고 한 면이 거의 익었을 때 뒤집어 나머지 한 면을 굽는다. 이때 갈비를 쟀던 양념장을 바르면서 구워 윤이 나도록 하고 뼈에 힘줄이 오그라들게 하여 떼어 먹기 좋게 한다.

담아 완성하기

8 LA갈비구이 담을 그릇을 선택한다.

9 LA갈비구이를 따뜻하게 담아낸다.

학습 평가

평가자 체크리스트

학습내용	평가 항목	성취수준		
		상	중	하
구이 재료 준비	측정도구와 계량 방법 선택			
	구이 종류에 따른 재료 준비 방법			
	재료에 따라 요구되는 전처리 방법			
구이 양념장 제조	양념장 재료를 비율대로 혼합, 조절하는 방법			
	필요에 따라 양념장을 숙성하는 방법			
구이 조리	유장처리하는 방법			
	초벌구이를 하는 방법			
	불을 조절하는 능력			
	재료의 형태와 색을 고려하여 조리하는 능력			
구이 그릇 선택	재료의 형태에 따른 그릇 선택의 능력			
	분량에 따른 그릇 선택 능력			
구이 그릇 선택	고명을 장식하는 능력			
	완성품을 담아 제공하는 능력			

서술형 시험

학습내용	평가 항목	성취수준		
		상	중	하
구이 재료 준비	구이용 재료에 적합한 계량하는 방법			
	구이에 적합한 도구 선택과 재료 손질 방법			
	재료에 따른 전처리 방법			
구이 양념장 제조	양념장을 비율대로 조절하여 혼합하는 방법			
	양념장을 적합하게 숙성시키는 방법			
구이 조리	유장을 하여 굽는 이유			
	초벌구이를 하는 방법			
	불의 세기를 조절해야 하는 이유			
	석쇠에 재료가 붙지 않도록 하는 방법			
구이 그릇 선택	재료 및 형태에 따른 그릇 선택 시 고려사항			
	분량에 따른 그릇 선택 방법			
구이 제공	고명을 사용하는 목적			
	음식의 맛과 온도와의 관계			

작업장 평가

학습내용	평가 항목	성취수준		
		상	중	하
구이 재료 준비	조리에 사용하는 재료를 필요량에 맞게 계량하는 능력			
	구이 종류에 따라 도구를 선택하고 준비할 수 있는 능력			
	재료에 따라 전처리를 하는 능력			
구이 양념장 제조	양념장을 비율대로 혼합, 조절하는 능력			
	필요시 양념장을 숙성하는 능력			
구이 조리	구이에 따라 유장처리나 양념을 하는 능력			
	재료의 특성을 고려하여 초벌구이하는 능력			
	불의 세기를 조절하여 조리하는 능력			
	재료의 색과 형태를 유지해서 조리하는 능력			
구이 그릇 선택	구이 종류에 따른 그릇의 선택			
	분량에 따른 그릇의 선택			
구이 제공	고명을 사용하는 능력			
	그릇에 음식을 담는 능력			

학습자 완성품 사진

돼지갈비구이

재료

· 돼지갈비 1kg

양념장
· 간장 4큰술
· 설탕 2큰술
· 다진 대파 3큰술
· 다진 마늘 1½큰술
· 생강즙 1/2큰술
· 깨소금 1½큰술
· 참기름 1½큰술
· 후춧가루 약간
· 배즙 4큰술

만드는 법

재료 확인하기
1 돼지갈비, 간장, 설탕, 대파, 마늘, 깨소금 등 확인하기

사용할 도구 선택하기
2 프라이팬 또는 석쇠, 나무젓가락 등을 선택하여 준비한다.

재료 계량하기
3 각각의 재료 분량을 컵과 계량스푼, 저울로 계량하기

재료 준비하기
4 갈비를 6~7cm 길이로 토막낸다.
5 갈비뼈의 한편으로 칼을 넣어 고기를 얇게 저며 편 뒤 약 0.7cm 너비로 칼집을 넣는다.

양념장 만들기
6 재료를 모두 섞어 양념장을 만든다.

조리하기
7 양념장에 손질한 갈비에 적시듯이 고르게 무쳐 양념이 잘 들게 잰다.
8 석쇠를 뜨겁게 달구어 갈비를 올리고 한 면이 거의 익었을 때 뒤집어 나머지 한 면을 굽는다. 이때 갈비를 쟀던 양념장을 바르면서 구워 윤이 나도록 하고 뼈에 힘줄이 오그라들게 하여 떼어 먹기 좋게 한다.

담아 완성하기
9 돼지갈비구이 담을 그릇을 선택한다.
10 돼지갈비구이를 따뜻하게 담아낸다.

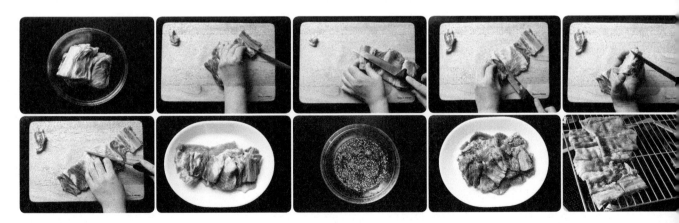

학습
평가

| 평가자 체크리스트

학습내용	평가 항목	성취수준		
		상	중	하
구이 재료 준비	측정도구와 계량 방법 선택			
	구이 종류에 따른 재료 준비 방법			
	재료에 따라 요구되는 전처리 방법			
구이 양념장 제조	양념장 재료를 비율대로 혼합, 조절하는 방법			
	필요에 따라 양념장을 숙성하는 방법			
구이 조리	유장처리하는 방법			
	초벌구이를 하는 방법			
	불을 조절하는 능력			
	재료의 형태와 색을 고려하여 조리하는 능력			
구이 그릇 선택	재료의 형태에 따른 그릇 선택의 능력			
	분량에 따른 그릇 선택 능력			
구이 그릇 선택	고명을 장식하는 능력			
	완성품을 담아 제공하는 능력			

| 서술형 시험

학습내용	평가 항목	성취수준		
		상	중	하
구이 재료 준비	구이용 재료에 적합한 계량하는 방법			
	구이에 적합한 도구 선택과 재료 손질 방법			
	재료에 따른 전처리 방법			
구이 양념장 제조	양념장을 비율대로 조절하여 혼합하는 방법			
	양념장을 적합하게 숙성시키는 방법			
구이 조리	유장을 하여 굽는 이유			
	초벌구이를 하는 방법			
	불의 세기를 조절해야 하는 이유			
	석쇠에 재료가 붙지 않도록 하는 방법			
구이 그릇 선택	재료 및 형태에 따른 그릇 선택 시 고려사항			
	분량에 따른 그릇 선택 방법			
구이 제공	고명을 사용하는 목적			
	음식의 맛과 온도와의 관계			

작업장 평가

학습내용	평가 항목	성취수준		
		상	중	하
구이 재료 준비	조리에 사용하는 재료를 필요량에 맞게 계량하는 능력			
	구이 종류에 따라 도구를 선택하고 준비할 수 있는 능력			
	재료에 따라 전처리를 하는 능력			
구이 양념장 제조	양념장을 비율대로 혼합, 조절하는 능력			
	필요시 양념장을 숙성하는 능력			
구이 조리	구이에 따라 유장처리나 양념을 하는 능력			
	재료의 특성을 고려하여 초벌구이하는 능력			
	불의 세기를 조절하여 조리하는 능력			
	재료의 색과 형태를 유지해서 조리하는 능력			
구이 그릇 선택	구이 종류에 따른 그릇의 선택			
	분량에 따른 그릇의 선택			
구이 제공	고명을 사용하는 능력			
	그릇에 음식을 담는 능력			

학습자 완성품 사진

떡갈비구이

재료

- 소갈비 400g
- 밀가루 20g
- 찹쌀가루 2큰술
- 식용유 약간

양념장

- 소금 1/3 작은술
- 다진 대파 1/2큰술
- 다진 마늘 1작은술
- 생강즙 1/3작은술
- 깨소금 1/2큰술
- 참기름 1작은술
- 후춧가루 약간

구이양념장

- 간장 1큰술
- 설탕 1/2큰술
- 다진 마늘 1작은술
- 배즙 1큰술
- 깨소금 1/2큰술
- 참기름 1작은술
- 후춧가루 약간

만드는 법

재료 확인하기
1 소갈비, 밀가루, 찹쌀가루, 식용유, 소금, 대파 등 확인하기

사용할 도구 선택하기
2 프라이팬, 석쇠, 나무젓가락 등을 선택하여 준비한다.

재료 계량하기
3 각각의 재료 분량을 컵과 계량스푼, 저울로 계량하기

재료 준비하기
4 갈비는 찬물에 헹구어 살을 발라내어 기름을 떼고 핏물을 닦아서 곱게 다진다.
5 갈비뼈는 끓는 물에 데치거나 구워 놓는다.

양념장 만들기
6 분량의 재료를 모두 섞어 고기양념을 만든다.
7 분량의 재료를 모두 섞어 구이양념을 만든다.

조리하기
8 다진 갈빗살에 고기양념과 찹쌀가루를 넣어 끈기가 나도록 오래 치댄다.
9 손질한 갈비뼈에 물을 묻히고 밀가루를 묻혀 고기 반죽을 붙인 다음 칼끝으로 표면이 부드럽게 되도록 손질한다.
10 달군 팬에 식용유를 두르고 떡갈비를 어느 정도 익힌 다음 불을 낮추어 양념장을 발라가면서 속까지 익힌다.

담아 완성하기
11 떡갈비구이 담을 그릇을 선택한다.
12 떡갈비구이를 따뜻하게 담아낸다.

학습
평가

평가자 체크리스트

학습내용	평가 항목	성취수준		
		상	중	하
구이 재료 준비	측정도구와 계량 방법 선택			
	구이 종류에 따른 재료 준비 방법			
	재료에 따라 요구되는 전처리 방법			
구이 양념장 제조	양념장 재료를 비율대로 혼합, 조절하는 방법			
	필요에 따라 양념장을 숙성하는 방법			
구이 조리	유장처리하는 방법			
	초벌구이를 하는 방법			
	불을 조절하는 능력			
	재료의 형태와 색을 고려하여 조리하는 능력			
구이 그릇 선택	재료의 형태에 따른 그릇 선택의 능력			
	분량에 따른 그릇 선택 능력			
구이 그릇 선택	고명을 장식하는 능력			
	완성품을 담아 제공하는 능력			

서술형 시험

학습내용	평가 항목	성취수준		
		상	중	하
구이 재료 준비	구이용 재료에 적합한 계량하는 방법			
	구이에 적합한 도구 선택과 재료 손질 방법			
	재료에 따른 전처리 방법			
구이 양념장 제조	양념장을 비율대로 조절하여 혼합하는 방법			
	양념장을 적합하게 숙성시키는 방법			
구이 조리	유장을 하여 굽는 이유			
	초벌구이를 하는 방법			
	불의 세기를 조절해야 하는 이유			
	석쇠에 재료가 붙지 않도록 하는 방법			
구이 그릇 선택	재료 및 형태에 따른 그릇 선택 시 고려사항			
	분량에 따른 그릇 선택 방법			
구이 제공	고명을 사용하는 목적			
	음식의 맛과 온도와의 관계			

작업장 평가

학습내용	평가 항목	성취수준		
		상	중	하
구이 재료 준비	조리에 사용하는 재료를 필요량에 맞게 계량하는 능력			
	구이 종류에 따라 도구를 선택하고 준비할 수 있는 능력			
	재료에 따라 전처리를 하는 능력			
구이 양념장 제조	양념장을 비율대로 혼합, 조절하는 능력			
	필요시 양념장을 숙성하는 능력			
구이 조리	구이에 따라 유장처리나 양념을 하는 능력			
	재료의 특성을 고려하여 초벌구이하는 능력			
	불의 세기를 조절하여 조리하는 능력			
	재료의 색과 형태를 유지해서 조리하는 능력			
구이 그릇 선택	구이 종류에 따른 그릇의 선택			
	분량에 따른 그릇의 선택			
구이 제공	고명을 사용하는 능력			
	그릇에 음식을 담는 능력			

학습자 완성품 사진

닭구이

재료

- 닭 1마리(800g)

양념장

- 간장 4큰술
- 소금 1작은술
- 다진 대파 2큰술
- 다진 마늘 1큰술
- 참기름 1큰술
- 참깨 2작은술
- 생강즙 2작은술
- 청주 3큰술
- 후춧가루 1/3작은술

만드는 법

재료 확인하기

1 닭, 간장, 소금, 대파, 마늘, 참기름, 참깨, 생강즙 등 확인하기

사용할 도구 선택하기

2 프라이팬, 석쇠, 나무젓가락 등을 선택하여 준비한다.

재료 계량하기

3 각각의 재료 분량을 컵과 계량스푼, 저울로 계량하기

재료 준비하기

4 닭은 살만 발라 자근자근 두드린다.

양념장 만들기

5 분량의 재료를 섞어 양념장을 만든다.

조리하기

6 양념에 닭살을 버무려 30분 정도 재운다.
7 석쇠에 굽거나, 달구어진 팬에 굽는다.

담아 완성하기

8 닭구이 담을 그릇을 선택한다.
9 닭구이를 따뜻하게 담아낸다.

학습
평가

| 평가자 체크리스트

학습내용	평가 항목	성취수준		
		상	중	하
구이 재료 준비	측정도구와 계량 방법 선택			
	구이 종류에 따른 재료 준비 방법			
	재료에 따라 요구되는 전처리 방법			
구이 양념장 제조	양념장 재료를 비율대로 혼합, 조절하는 방법			
	필요에 따라 양념장을 숙성하는 방법			
구이 조리	유장처리하는 방법			
	초벌구이를 하는 방법			
	불을 조절하는 능력			
	재료의 형태와 색을 고려하여 조리하는 능력			
구이 그릇 선택	재료의 형태에 따른 그릇 선택의 능력			
	분량에 따른 그릇 선택 능력			
구이 그릇 선택	고명을 장식하는 능력			
	완성품을 담아 제공하는 능력			

| 서술형 시험

학습내용	평가 항목	성취수준		
		상	중	하
구이 재료 준비	구이용 재료에 적합한 계량하는 방법			
	구이에 적합한 도구 선택과 재료 손질 방법			
	재료에 따른 전처리 방법			
구이 양념장 제조	양념장을 비율대로 조절하여 혼합하는 방법			
	양념장을 적합하게 숙성시키는 방법			
구이 조리	유장을 하여 굽는 이유			
	초벌구이를 하는 방법			
	불의 세기를 조절해야 하는 이유			
	석쇠에 재료가 붙지 않도록 하는 방법			
구이 그릇 선택	재료 및 형태에 따른 그릇 선택 시 고려사항			
	분량에 따른 그릇 선택 방법			
구이 제공	고명을 사용하는 목적			
	음식의 맛과 온도와의 관계			

작업장 평가

학습내용	평가 항목	성취수준		
		상	중	하
구이 재료 준비	조리에 사용하는 재료를 필요량에 맞게 계량하는 능력			
	구이 종류에 따라 도구를 선택하고 준비할 수 있는 능력			
	재료에 따라 전처리를 하는 능력			
구이 양념장 제조	양념장을 비율대로 혼합, 조절하는 능력			
	필요시 양념장을 숙성하는 능력			
구이 조리	구이에 따라 유장처리나 양념을 하는 능력			
	재료의 특성을 고려하여 초벌구이하는 능력			
	불의 세기를 조절하여 조리하는 능력			
	재료의 색과 형태를 유지해서 조리하는 능력			
구이 그릇 선택	구이 종류에 따른 그릇의 선택			
	분량에 따른 그릇의 선택			
구이 제공	고명을 사용하는 능력			
	그릇에 음식을 담는 능력			

학습자 완성품 사진

오리소금구이

재료

- 오리고기 400g(1/2마리)
- 소금 1작은술
- 후춧가루 1/4작은술

양념장
- 참기름 2큰술
- 소금 1작은술
- 후춧가루 1/6작은술

만드는 법

재료 확인하기

1 오리고기, 소금, 후춧가루, 참기름 등 확인하기

사용할 도구 선택하기

2 프라이팬, 석쇠, 나무젓가락 등을 선택하여 준비한다.

재료 계량하기

3 각각의 재료 분량을 컵과 계량스푼, 저울로 계량하기

재료 준비하기

4 오리고기는 뼈를 발라 먹기 좋은 크기로 저며 썬다.
5 오리고기에 소금, 후춧가루로 밑간한다.

양념장 만들기

6 분량의 재료를 섞어 기름장을 만든다.

조리하기

7 석쇠에 오리고기를 굽는다. 또는 달구어진 팬에 굽는다.

담아 완성하기

8 오리소금구이 담을 그릇을 선택한다.
9 오리소금구이를 따뜻하게 담아낸다. 기름장을 곁들여낸다.

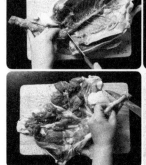
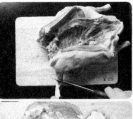

학습
평가

| 평가자 체크리스트

학습내용	평가 항목	성취수준		
		상	중	하
구이 재료 준비	측정도구와 계량 방법 선택			
	구이 종류에 따른 재료 준비 방법			
	재료에 따라 요구되는 전처리 방법			
구이 양념장 제조	양념장 재료를 비율대로 혼합, 조절하는 방법			
	필요에 따라 양념장을 숙성하는 방법			
구이 조리	유장처리하는 방법			
	초벌구이를 하는 방법			
	불을 조절하는 능력			
	재료의 형태와 색을 고려하여 조리하는 능력			
구이 그릇 선택	재료의 형태에 따른 그릇 선택의 능력			
	분량에 따른 그릇 선택 능력			
구이 그릇 선택	고명을 장식하는 능력			
	완성품을 담아 제공하는 능력			

| 서술형 시험

학습내용	평가 항목	성취수준		
		상	중	하
구이 재료 준비	구이용 재료에 적합한 계량하는 방법			
	구이에 적합한 도구 선택과 재료 손질 방법			
	재료에 따른 전처리 방법			
구이 양념장 제조	양념장을 비율대로 조절하여 혼합하는 방법			
	양념장을 적합하게 숙성시키는 방법			
구이 조리	유장을 하여 굽는 이유			
	초벌구이를 하는 방법			
	불의 세기를 조절해야 하는 이유			
	석쇠에 재료가 붙지 않도록 하는 방법			
구이 그릇 선택	재료 및 형태에 따른 그릇 선택 시 고려사항			
	분량에 따른 그릇 선택 방법			
구이 제공	고명을 사용하는 목적			
	음식의 맛과 온도와의 관계			

작업장 평가

학습내용	평가 항목	성취수준		
		상	중	하
구이 재료 준비	조리에 사용하는 재료를 필요량에 맞게 계량하는 능력			
	구이 종류에 따라 도구를 선택하고 준비할 수 있는 능력			
	재료에 따라 전처리를 하는 능력			
구이 양념장 제조	양념장을 비율대로 혼합, 조절하는 능력			
	필요시 양념장을 숙성하는 능력			
구이 조리	구이에 따라 유장처리나 양념을 하는 능력			
	재료의 특성을 고려하여 초벌구이하는 능력			
	불의 세기를 조절하여 조리하는 능력			
	재료의 색과 형태를 유지해서 조리하는 능력			
구이 그릇 선택	구이 종류에 따른 그릇의 선택			
	분량에 따른 그릇의 선택			
구이 제공	고명을 사용하는 능력			
	그릇에 음식을 담는 능력			

학습자 완성품 사진

오리양념구이

재료

- 오리고기 400g(1/2마리)
- 대파 80g
- 풋고추 2개
- 마늘 40g
- 양파 150g
- 깻잎 1묶음
- 들기름 2큰술

양념장
- 배즙 4큰술
- 양파즙 4큰술
- 생강즙 2큰술
- 청주 2큰술
- 후춧가루 약간

고기양념
- 간장 5큰술
- 고추장 2큰술
- 된장 1큰술
- 맛술 3큰술
- 고춧가루 4큰술
- 설탕 1큰술
- 물엿 3큰술
- 다진 마늘 1½큰술
- 생강즙 1작은술
- 후춧가루 1/6작은술

만드는 법

재료 확인하기
1 오리고기, 대파, 풋고추, 마늘, 양파, 깻잎, 후춧가루, 참기름 등 확인하기

사용할 도구 선택하기
2 프라이팬, 석쇠, 나무젓가락 등을 선택하여 준비한다.

재료 계량하기
3 각각의 재료 분량을 컵과 계량스푼, 저울로 계량하기

재료 준비하기
4 오리고기는 뼈를 발라 먹기 좋은 크기로 저며 썬다.
5 대파는 0.8cm 두께로 어슷썰기를 한다.
6 고추는 어슷하게 썰어 씨를 제거한다.
7 마늘은 편으로 썬다.
8 양파는 1cm 두께로 채를 썬다.
9 깻잎은 굵게 채를 썬다.

양념장 만들기
10 분량의 재료를 섞어 양념을 만든다.
11 분량의 재료를 섞어 고기양념을 만든다.

조리하기
12 오리고기는 양념에 버무려 20분 정도 재운다.
13 밑간한 오리구이에 고기양념과 대파, 고추, 마늘, 양파를 넣어 고루 버무려 30분간 재운다.
14 달구어진 팬에 들기름을 두르고 양념한 고기와 채소를 넣어 센 불에 굽고 마지막에 깻잎을 넣고 불을 끈다. 석쇠에 구워도 좋다.

담아 완성하기
15 오리양념구이 담을 그릇을 선택한다.
16 오리양념구이를 따뜻하게 담아낸다.

학습
평가

| 평가자 체크리스트

학습내용	평가 항목	성취수준		
		상	중	하
구이 재료 준비	측정도구와 계량 방법 선택			
	구이 종류에 따른 재료 준비 방법			
	재료에 따라 요구되는 전처리 방법			
구이 양념장 제조	양념장 재료를 비율대로 혼합, 조절하는 방법			
	필요에 따라 양념장을 숙성하는 방법			
구이 조리	유장처리하는 방법			
	초벌구이를 하는 방법			
	불을 조절하는 능력			
	재료의 형태와 색을 고려하여 조리하는 능력			
구이 그릇 선택	재료의 형태에 따른 그릇 선택의 능력			
	분량에 따른 그릇 선택 능력			
구이 그릇 선택	고명을 장식하는 능력			
	완성품을 담아 제공하는 능력			

| 서술형 시험

학습내용	평가 항목	성취수준		
		상	중	하
구이 재료 준비	구이용 재료에 적합한 계량하는 방법			
	구이에 적합한 도구 선택과 재료 손질 방법			
	재료에 따른 전처리 방법			
구이 양념장 제조	양념장을 비율대로 조절하여 혼합하는 방법			
	양념장을 적합하게 숙성시키는 방법			
구이 조리	유장을 하여 굽는 이유			
	초벌구이를 하는 방법			
	불의 세기를 조절해야 하는 이유			
	석쇠에 재료가 붙지 않도록 하는 방법			
구이 그릇 선택	재료 및 형태에 따른 그릇 선택 시 고려사항			
	분량에 따른 그릇 선택 방법			
구이 제공	고명을 사용하는 목적			
	음식의 맛과 온도와의 관계			

작업장 평가

학습내용	평가 항목	성취수준		
		상	중	하
구이 재료 준비	조리에 사용하는 재료를 필요량에 맞게 계량하는 능력			
	구이 종류에 따라 도구를 선택하고 준비할 수 있는 능력			
	재료에 따라 전처리를 하는 능력			
구이 양념장 제조	양념장을 비율대로 혼합, 조절하는 능력			
	필요시 양념장을 숙성하는 능력			
구이 조리	구이에 따라 유장처리나 양념을 하는 능력			
	재료의 특성을 고려하여 초벌구이하는 능력			
	불의 세기를 조절하여 조리하는 능력			
	재료의 색과 형태를 유지해서 조리하는 능력			
구이 그릇 선택	구이 종류에 따른 그릇의 선택			
	분량에 따른 그릇의 선택			
구이 제공	고명을 사용하는 능력			
	그릇에 음식을 담는 능력			

학습자 완성품 사진

닭발구이

재료

- 뼈 없는 닭발 300g
- 쌀뜨물 1컵
- 밀가루 2큰술
- 굵은소금 1큰술
- 참기름 1큰술

양념장
- 배즙 5큰술
- 양파즙 3큰술
- 생강즙 1큰술
- 청주 1큰술

고기양념장
- 고운 고춧가루 1큰술
- 고추장 1큰술
- 간장 1½큰술
- 맛술 2큰술
- 물엿 2큰술
- 다진 청양고추 1작은술
- 후춧가루 약간

만드는 법

재료 확인하기
1 닭발, 쌀뜨물, 밀가루, 소금, 참기름, 배즙 등 확인하기

사용할 도구 선택하기
2 프라이팬, 석쇠, 냄비, 나무젓가락 등을 선택하여 준비한다.

재료 계량하기
3 각각의 재료 분량을 컵과 계량스푼, 저울로 계량하기

재료 준비하기
4 뼈없는 닭발은 밀가루와 굵은소금을 넣고 바락바락 주물러 씻어 쌀
　뜨물에 10분간 담가 누린내를 제거한다.

양념장 만들기
5 분량의 재료를 모두 섞어 양념을 만든다.
6 분량의 재료를 모두 섞어 고기양념을 만든다.

조리하기
7 끓는 물에 닭발을 데친다.
8 닭발은 물기를 제거하고 양념으로 버무려 30분 정도 재운다.
9 밑간한 닭발에 고기양념을 넣어 고루 버무려 30분간 재운다.
10 달구어진 팬에 참기름을 두르고 닭발을 볶듯이 굽는다. 석쇠에 구
　워도 좋다.

담아 완성하기
11 닭발구이 담을 그릇을 선택한다.
12 닭발구이를 따뜻하게 담아낸다.

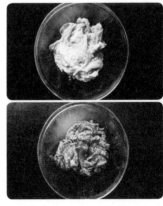

학습
평가

평가자 체크리스트

학습내용	평가 항목	성취수준		
		상	중	하
구이 재료 준비	측정도구와 계량 방법 선택			
	구이 종류에 따른 재료 준비 방법			
	재료에 따라 요구되는 전처리 방법			
구이 양념장 제조	양념장 재료를 비율대로 혼합, 조절하는 방법			
	필요에 따라 양념장을 숙성하는 방법			
구이 조리	유장처리하는 방법			
	초벌구이를 하는 방법			
	불을 조절하는 능력			
	재료의 형태와 색을 고려하여 조리하는 능력			
구이 그릇 선택	재료의 형태에 따른 그릇 선택의 능력			
	분량에 따른 그릇 선택 능력			
구이 그릇 선택	고명을 장식하는 능력			
	완성품을 담아 제공하는 능력			

서술형 시험

학습내용	평가 항목	성취수준		
		상	중	하
구이 재료 준비	구이용 재료에 적합한 계량하는 방법			
	구이에 적합한 도구 선택과 재료 손질 방법			
	재료에 따른 전처리 방법			
구이 양념장 제조	양념장을 비율대로 조절하여 혼합하는 방법			
	양념장을 적합하게 숙성시키는 방법			
구이 조리	유장을 하여 굽는 이유			
	초벌구이를 하는 방법			
	불의 세기를 조절해야 하는 이유			
	석쇠에 재료가 붙지 않도록 하는 방법			
구이 그릇 선택	재료 및 형태에 따른 그릇 선택 시 고려사항			
	분량에 따른 그릇 선택 방법			
구이 제공	고명을 사용하는 목적			
	음식의 맛과 온도와의 관계			

작업장 평가

학습내용	평가 항목	성취수준		
		상	중	하
구이 재료 준비	조리에 사용하는 재료를 필요량에 맞게 계량하는 능력			
	구이 종류에 따라 도구를 선택하고 준비할 수 있는 능력			
	재료에 따라 전처리를 하는 능력			
구이 양념장 제조	양념장을 비율대로 혼합, 조절하는 능력			
	필요시 양념장을 숙성하는 능력			
구이 조리	구이에 따라 유장처리나 양념을 하는 능력			
	재료의 특성을 고려하여 초벌구이하는 능력			
	불의 세기를 조절하여 조리하는 능력			
	재료의 색과 형태를 유지해서 조리하는 능력			
구이 그릇 선택	구이 종류에 따른 그릇의 선택			
	분량에 따른 그릇의 선택			
구이 제공	고명을 사용하는 능력			
	그릇에 음식을 담는 능력			

학습자 완성품 사진

간구이

재료

- 소 간 300g
- 우유 1컵
- 참기름 1큰술

양념장

- 소금 1작은술
- 다진 대파 2작은술
- 다진 마늘 1작은술
- 생강즙 1작은술
- 참기름 1작은술
- 후춧가루 1/8작은술

만드는 법

재료 확인하기

1 소 간, 우유, 참기름, 소금, 대파, 마늘, 생강즙 등 확인하기

사용할 도구 선택하기

2 프라이팬, 석쇠, 나무젓가락 등을 선택하여 준비한다.

재료 계량하기

3 각각의 재료 분량을 컵과 계량스푼, 저울로 계량하기

재료 준비하기

4 소 간은 얇은 막을 벗겨서 주름이나 힘줄을 말끔히 발라내고 폭 4cm, 길이 5cm, 두께 0.7cm 정도로 썬다.
5 소 간을 우유에 담가 냄새를 없앤다.

양념장 만들기

6 분량의 재료를 모두 섞어 양념을 만든다.

조리하기

7 손질한 소 간에 양념을 버무린다.
8 달구어진 팬에 참기름을 두르고 소 간을 굽는다. 석쇠에 구워도 좋다.

담아 완성하기

9 간구이 담을 그릇을 선택한다.
10 간구이를 따뜻하게 담아낸다.

평가자 체크리스트

학습내용	평가 항목	성취수준		
		상	중	하
구이 재료 준비	측정도구와 계량 방법 선택			
	구이 종류에 따른 재료 준비 방법			
	재료에 따라 요구되는 전처리 방법			
구이 양념장 제조	양념장 재료를 비율대로 혼합, 조절하는 방법			
	필요에 따라 양념장을 숙성하는 방법			
구이 조리	유장처리하는 방법			
	초벌구이를 하는 방법			
	불을 조절하는 능력			
	재료의 형태와 색을 고려하여 조리하는 능력			
구이 그릇 선택	재료의 형태에 따른 그릇 선택의 능력			
	분량에 따른 그릇 선택 능력			
구이 그릇 선택	고명을 장식하는 능력			
	완성품을 담아 제공하는 능력			

서술형 시험

학습내용	평가 항목	성취수준		
		상	중	하
구이 재료 준비	구이용 재료에 적합한 계량하는 방법			
	구이에 적합한 도구 선택과 재료 손질 방법			
	재료에 따른 전처리 방법			
구이 양념장 제조	양념장을 비율대로 조절하여 혼합하는 방법			
	양념장을 적합하게 숙성시키는 방법			
구이 조리	유장을 하여 굽는 이유			
	초벌구이를 하는 방법			
	불의 세기를 조절해야 하는 이유			
	석쇠에 재료가 붙지 않도록 하는 방법			
구이 그릇 선택	재료 및 형태에 따른 그릇 선택 시 고려사항			
	분량에 따른 그릇 선택 방법			
구이 제공	고명을 사용하는 목적			
	음식의 맛과 온도와의 관계			

작업장 평가

학습내용	평가 항목	성취수준 상	중	하
구이 재료 준비	조리에 사용하는 재료를 필요량에 맞게 계량하는 능력			
	구이 종류에 따라 도구를 선택하고 준비할 수 있는 능력			
	재료에 따라 전처리를 하는 능력			
구이 양념장 제조	양념장을 비율대로 혼합, 조절하는 능력			
	필요시 양념장을 숙성하는 능력			
구이 조리	구이에 따라 유장처리나 양념을 하는 능력			
	재료의 특성을 고려하여 초벌구이하는 능력			
	불의 세기를 조절하여 조리하는 능력			
	재료의 색과 형태를 유지해서 조리하는 능력			
구이 그릇 선택	구이 종류에 따른 그릇의 선택			
	분량에 따른 그릇의 선택			
구이 제공	고명을 사용하는 능력			
	그릇에 음식을 담는 능력			

학습자 완성품 사진

막창구이

재료

- 막창 500g
- 밀가루 3큰술

삶을 재료
- 물 5컵
- 된장 2큰술
- 대파 40g
- 마늘 30g
- 생강 20g
- 월계수잎 1장
- 통후추 10알
- 청주 2큰술

양념장
- 된장 2큰술
- 고추장 1작은술
- 다진 마늘 2작은술
- 다진 청양고추 1작은술
- 양파즙 1큰술
- 설탕 2작은술
- 참기름 1작은술
- 땅콩가루 1큰술

만드는 법

재료 확인하기

1 막창, 밀가루, 된장, 대파, 물, 마늘, 생강, 월계수잎 등 확인하기

사용할 도구 선택하기

2 프라이팬, 석쇠, 나무젓가락 등을 선택하여 준비한다.

재료 계량하기

3 각각의 재료 분량을 컵과 계량스푼, 저울로 계량하기

재료 준비하기

4 막창은 깨끗이 씻어 기름기를 제거한 후 밀가루로 바락바락 주물러 냄새를 없앤다.

양념장 만들기

5 분량의 재료를 섞어 양념장을 만든다.

조리하기

6 냄비에 분량의 물과 향신채소, 된장을 넣고 끓인다. 막창과 청주를 넣고 1시간 삶는다.

7 막창은 먹기 좋게 썬다.

8 달구어진 팬에 노릇노릇하게 굽는다. 석쇠에 구워도 좋다.

담아 완성하기

9 막창구이 담을 그릇을 선택한다.

10 막창구이를 따뜻하게 담아낸다. 양념장를 곁들여낸다.

학습 평가

| 평가자 체크리스트

학습내용	평가 항목	성취수준		
		상	중	하
구이 재료 준비	측정도구와 계량 방법 선택			
	구이 종류에 따른 재료 준비 방법			
	재료에 따라 요구되는 전처리 방법			
구이 양념장 제조	양념장 재료를 비율대로 혼합, 조절하는 방법			
	필요에 따라 양념장을 숙성하는 방법			
구이 조리	유장처리하는 방법			
	초벌구이를 하는 방법			
	불을 조절하는 능력			
	재료의 형태와 색을 고려하여 조리하는 능력			
구이 그릇 선택	재료의 형태에 따른 그릇 선택의 능력			
	분량에 따른 그릇 선택 능력			
구이 그릇 선택	고명을 장식하는 능력			
	완성품을 담아 제공하는 능력			

| 서술형 시험

학습내용	평가 항목	성취수준		
		상	중	하
구이 재료 준비	구이용 재료에 적합한 계량하는 방법			
	구이에 적합한 도구 선택과 재료 손질 방법			
	재료에 따른 전처리 방법			
구이 양념장 제조	양념장을 비율대로 조절하여 혼합하는 방법			
	양념장을 적합하게 숙성시키는 방법			
구이 조리	유장을 하여 굽는 이유			
	초벌구이를 하는 방법			
	불의 세기를 조절해야 하는 이유			
	석쇠에 재료가 붙지 않도록 하는 방법			
구이 그릇 선택	재료 및 형태에 따른 그릇 선택 시 고려사항			
	분량에 따른 그릇 선택 방법			
구이 제공	고명을 사용하는 목적			
	음식의 맛과 온도와의 관계			

작업장 평가

학습내용	평가 항목	성취수준		
		상	중	하
구이 재료 준비	조리에 사용하는 재료를 필요량에 맞게 계량하는 능력			
	구이 종류에 따라 도구를 선택하고 준비할 수 있는 능력			
	재료에 따라 전처리를 하는 능력			
구이 양념장 제조	양념장을 비율대로 혼합, 조절하는 능력			
	필요시 양념장을 숙성하는 능력			
구이 조리	구이에 따라 유장처리나 양념을 하는 능력			
	재료의 특성을 고려하여 초벌구이하는 능력			
	불의 세기를 조절하여 조리하는 능력			
	재료의 색과 형태를 유지해서 조리하는 능력			
구이 그릇 선택	구이 종류에 따른 그릇의 선택			
	분량에 따른 그릇의 선택			
구이 제공	고명을 사용하는 능력			
	그릇에 음식을 담는 능력			

학습자 완성품 사진

뱅어포구이

재료

- 뱅어포 3장
- 식용유 3큰술

고추장양념

- 고추장 2큰술
- 간장 1작은술
- 설탕 1큰술
- 물엿 1큰술
- 다진 대파 1작은술
- 다진 마늘 1작은술
- 참기름 1큰술
- 참깨 2작은술
- 후춧가루 1/8작은술

만드는 법

재료 확인하기

1 뱅어포, 소금, 참기름, 간장, 고추장, 설탕, 대파, 마늘 등 확인하기

사용할 도구 선택하기

2 프라이팬, 석쇠, 나무젓가락 등을 선택하여 준비한다.

재료 계량하기

3 각각의 재료 분량을 컵과 계량스푼, 저울로 계량하기

재료 준비하기

4 뱅어포는 잡티를 떼어낸다.

양념장 만들기

5 분량의 재료를 섞어 고추장양념을 만든다.

조리하기

6 뱅어포에 양념장을 고루 바른다.
7 팬에 식용유를 두르고 양념한 뱅어포를 타지 않도록 구워낸다.
8 구워낸 뱅어포가 식으면 4cm×2cm 크기로 썬다.

담아 완성하기

9 뱅어포구이 담을 그릇을 선택한다.
10 뱅어포구이를 보기 좋게 담아낸다.

학습 평가

| 평가자 체크리스트

학습내용	평가 항목	성취수준		
		상	중	하
구이 재료 준비	측정도구와 계량 방법 선택			
	구이 종류에 따른 재료 준비 방법			
	재료에 따라 요구되는 전처리 방법			
구이 양념장 제조	양념장 재료를 비율대로 혼합, 조절하는 방법			
	필요에 따라 양념장을 숙성하는 방법			
구이 조리	유장처리하는 방법			
	초벌구이를 하는 방법			
	불을 조절하는 능력			
	재료의 형태와 색을 고려하여 조리하는 능력			
구이 그릇 선택	재료의 형태에 따른 그릇 선택의 능력			
	분량에 따른 그릇 선택 능력			
구이 그릇 선택	고명을 장식하는 능력			
	완성품을 담아 제공하는 능력			

| 서술형 시험

학습내용	평가 항목	성취수준		
		상	중	하
구이 재료 준비	구이용 재료에 적합한 계량하는 방법			
	구이에 적합한 도구 선택과 재료 손질 방법			
	재료에 따른 전처리 방법			
구이 양념장 제조	양념장을 비율대로 조절하여 혼합하는 방법			
	양념장을 적합하게 숙성시키는 방법			
구이 조리	유장을 하여 굽는 이유			
	초벌구이를 하는 방법			
	불의 세기를 조절해야 하는 이유			
	석쇠에 재료가 붙지 않도록 하는 방법			
구이 그릇 선택	재료 및 형태에 따른 그릇 선택 시 고려사항			
	분량에 따른 그릇 선택 방법			
구이 제공	고명을 사용하는 목적			
	음식의 맛과 온도와의 관계			

작업장 평가

학습내용	평가 항목	성취수준		
		상	중	하
구이 재료 준비	조리에 사용하는 재료를 필요량에 맞게 계량하는 능력			
	구이 종류에 따라 도구를 선택하고 준비할 수 있는 능력			
	재료에 따라 전처리를 하는 능력			
구이 양념장 제조	양념장을 비율대로 혼합, 조절하는 능력			
	필요시 양념장을 숙성하는 능력			
구이 조리	구이에 따라 유장처리나 양념을 하는 능력			
	재료의 특성을 고려하여 초벌구이하는 능력			
	불의 세기를 조절하여 조리하는 능력			
	재료의 색과 형태를 유지해서 조리하는 능력			
구이 그릇 선택	구이 종류에 따른 그릇의 선택			
	분량에 따른 그릇의 선택			
구이 제공	고명을 사용하는 능력			
	그릇에 음식을 담는 능력			

학습자 완성품 사진

장어구이

재료

· 장어 1kg
· 후춧가루 약간
· 소금 약간

만드는 법

재료 확인하기

1 장어, 소금, 후추를 확인하기

사용할 도구 선택하기

2 프라이팬, 석쇠, 나무젓가락 등을 선택하여 준비한다.

재료 계량하기

3 각각의 재료 분량을 컵과 계량스푼, 저울로 계량하기

재료 준비하기

4 장어는 소금으로 비벼 물에 헹군다.

5 장어 머리를 자르고 내장을 제거한다. 물에 씻고 뼈를 제거한다.

6 장어살에 소금, 후추로 간을 한다.

조리하기

7 장어살과 뼈는 석쇠에 노릇노릇하게 굽는다.

담아 완성하기

8 장어구이 담을 그릇을 선택한다.

9 그릇에 장어살과 뼈를 함께 담는다.

10 깻잎채, 파채, 생강채, 마늘 등을 함께 곁들여 먹어도 좋다.

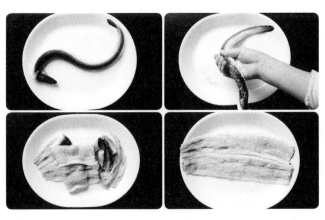

평가

| 평가자 체크리스트

학습내용	평가 항목	성취수준		
		상	중	하
구이 재료 준비	측정도구와 계량 방법 선택			
	구이 종류에 따른 재료 준비 방법			
	재료에 따라 요구되는 전처리 방법			
구이 양념장 제조	양념장 재료를 비율대로 혼합, 조절하는 방법			
	필요에 따라 양념장을 숙성하는 방법			
구이 조리	유장처리하는 방법			
	초벌구이를 하는 방법			
	불을 조절하는 능력			
	재료의 형태와 색을 고려하여 조리하는 능력			
구이 그릇 선택	재료의 형태에 따른 그릇 선택의 능력			
	분량에 따른 그릇 선택 능력			
구이 그릇 선택	고명을 장식하는 능력			
	완성품을 담아 제공하는 능력			

| 서술형 시험

학습내용	평가 항목	성취수준		
		상	중	하
구이 재료 준비	구이용 재료에 적합한 계량하는 방법			
	구이에 적합한 도구 선택과 재료 손질 방법			
	재료에 따른 전처리 방법			
구이 양념장 제조	양념장을 비율대로 조절하여 혼합하는 방법			
	양념장을 적합하게 숙성시키는 방법			
구이 조리	유장을 하여 굽는 이유			
	초벌구이를 하는 방법			
	불의 세기를 조절해야 하는 이유			
	석쇠에 재료가 붙지 않도록 하는 방법			
구이 그릇 선택	재료 및 형태에 따른 그릇 선택 시 고려사항			
	분량에 따른 그릇 선택 방법			
구이 제공	고명을 사용하는 목적			
	음식의 맛과 온도와의 관계			

작업장 평가

학습내용	평가 항목	성취수준		
		상	중	하
구이 재료 준비	조리에 사용하는 재료를 필요량에 맞게 계량하는 능력			
	구이 종류에 따라 도구를 선택하고 준비할 수 있는 능력			
	재료에 따라 전처리를 하는 능력			
구이 양념장 제조	양념장을 비율대로 혼합, 조절하는 능력			
	필요시 양념장을 숙성하는 능력			
구이 조리	구이에 따라 유장처리나 양념을 하는 능력			
	재료의 특성을 고려하여 초벌구이하는 능력			
	불의 세기를 조절하여 조리하는 능력			
	재료의 색과 형태를 유지해서 조리하는 능력			
구이 그릇 선택	구이 종류에 따른 그릇의 선택			
	분량에 따른 그릇의 선택			
구이 제공	고명을 사용하는 능력			
	그릇에 음식을 담는 능력			

학습자 완성품 사진

꽁치구이

- 꽁치 1마리
- 굵은소금 1/2작은술

만드는 법

재료 확인하기

1 꽁치, 소금을 확인하기

사용할 도구 선택하기

2 프라이팬, 석쇠, 나무젓가락 등을 선택하여 준비한다.

재료 계량하기

3 각각의 재료 분량을 컵과 계량스푼, 저울로 계량하기

재료 준비하기

4 꽁치는 싱싱한 것으로 골라 내장을 빼서 깨끗이 씻는다. 껍질에 칼집을 서너 번 넣고 굵은소금을 뿌린다.

조리하기

5 석쇠에 얹고 중불에서 서서히 굽는다.

담아 완성하기

6 꽁치구이 담을 그릇을 선택한다.
7 꽁치구이를 담아낸다.

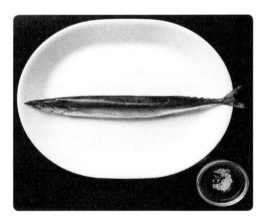

학습
평가

평가자 체크리스트

학습내용	평가 항목	성취수준		
		상	중	하
구이 재료 준비	측정도구와 계량 방법 선택			
	구이 종류에 따른 재료 준비 방법			
	재료에 따라 요구되는 전처리 방법			
구이 양념장 제조	양념장 재료를 비율대로 혼합, 조절하는 방법			
	필요에 따라 양념장을 숙성하는 방법			
구이 조리	유장처리하는 방법			
	초벌구이를 하는 방법			
	불을 조절하는 능력			
	재료의 형태와 색을 고려하여 조리하는 능력			
구이 그릇 선택	재료의 형태에 따른 그릇 선택의 능력			
	분량에 따른 그릇 선택 능력			
구이 그릇 선택	고명을 장식하는 능력			
	완성품을 담아 제공하는 능력			

서술형 시험

학습내용	평가 항목	성취수준		
		상	중	하
구이 재료 준비	구이용 재료에 적합한 계량하는 방법			
	구이에 적합한 도구 선택과 재료 손질 방법			
	재료에 따른 전처리 방법			
구이 양념장 제조	양념장을 비율대로 조절하여 혼합하는 방법			
	양념장을 적합하게 숙성시키는 방법			
구이 조리	유장을 하여 굽는 이유			
	초벌구이를 하는 방법			
	불의 세기를 조절해야 하는 이유			
	석쇠에 재료가 붙지 않도록 하는 방법			
구이 그릇 선택	재료 및 형태에 따른 그릇 선택 시 고려사항			
	분량에 따른 그릇 선택 방법			
구이 제공	고명을 사용하는 목적			
	음식의 맛과 온도와의 관계			

작업장 평가

학습내용	평가 항목	성취수준		
		상	중	하
구이 재료 준비	조리에 사용하는 재료를 필요량에 맞게 계량하는 능력			
	구이 종류에 따라 도구를 선택하고 준비할 수 있는 능력			
	재료에 따라 전처리를 하는 능력			
구이 양념장 제조	양념장을 비율대로 혼합, 조절하는 능력			
	필요시 양념장을 숙성하는 능력			
구이 조리	구이에 따라 유장처리나 양념을 하는 능력			
	재료의 특성을 고려하여 초벌구이하는 능력			
	불의 세기를 조절하여 조리하는 능력			
	재료의 색과 형태를 유지해서 조리하는 능력			
구이 그릇 선택	구이 종류에 따른 그릇의 선택			
	분량에 따른 그릇의 선택			
구이 제공	고명을 사용하는 능력			
	그릇에 음식을 담는 능력			

학습자 완성품 사진

고등어구이

재료

· 고등어 1마리(400g)
· 소금 1큰술

만드는 법

재료 확인하기

1 고등어, 소금을 확인하기

사용할 도구 선택하기

2 프라이팬, 석쇠, 나무젓가락 등을 선택하여 준비한다.

재료 계량하기

3 각각의 재료 분량을 컵과 계량스푼, 저울로 계량하기

재료 준비하기

4 고등어는 싱싱한 것으로 골라 내장을 빼서 깨끗이 씻는다. 배쪽에 칼
  집을 넣어 반으로 펴고, 굵은소금을 뿌린다.

조리하기

5 석쇠에 얹고 중불에서 서서히 굽는다.

담아 완성하기

6 고등어구이 담을 그릇을 선택한다.
7 고등어구이를 담아낸다.

| 평가자 체크리스트

학습내용	평가 항목	성취수준		
		상	중	하
구이 재료 준비	측정도구와 계량 방법 선택			
	구이 종류에 따른 재료 준비 방법			
	재료에 따라 요구되는 전처리 방법			
구이 양념장 제조	양념장 재료를 비율대로 혼합, 조절하는 방법			
	필요에 따라 양념장을 숙성하는 방법			
구이 조리	유장처리하는 방법			
	초벌구이를 하는 방법			
	불을 조절하는 능력			
	재료의 형태와 색을 고려하여 조리하는 능력			
구이 그릇 선택	재료의 형태에 따른 그릇 선택의 능력			
	분량에 따른 그릇 선택 능력			
구이 그릇 선택	고명을 장식하는 능력			
	완성품을 담아 제공하는 능력			

| 서술형 시험

학습내용	평가 항목	성취수준		
		상	중	하
구이 재료 준비	구이용 재료에 적합한 계량하는 방법			
	구이에 적합한 도구 선택과 재료 손질 방법			
	재료에 따른 전처리 방법			
구이 양념장 제조	양념장을 비율대로 조절하여 혼합하는 방법			
	양념장을 적합하게 숙성시키는 방법			
구이 조리	유장을 하여 굽는 이유			
	초벌구이를 하는 방법			
	불의 세기를 조절해야 하는 이유			
	석쇠에 재료가 붙지 않도록 하는 방법			
구이 그릇 선택	재료 및 형태에 따른 그릇 선택 시 고려사항			
	분량에 따른 그릇 선택 방법			
구이 제공	고명을 사용하는 목적			
	음식의 맛과 온도와의 관계			

작업장 평가

학습내용	평가 항목	성취수준		
		상	중	하
구이 재료 준비	조리에 사용하는 재료를 필요량에 맞게 계량하는 능력			
	구이 종류에 따라 도구를 선택하고 준비할 수 있는 능력			
	재료에 따라 전처리를 하는 능력			
구이 양념장 제조	양념장을 비율대로 혼합, 조절하는 능력			
	필요시 양념장을 숙성하는 능력			
구이 조리	구이에 따라 유장처리나 양념을 하는 능력			
	재료의 특성을 고려하여 초벌구이하는 능력			
	불의 세기를 조절하여 조리하는 능력			
	재료의 색과 형태를 유지해서 조리하는 능력			
구이 그릇 선택	구이 종류에 따른 그릇의 선택			
	분량에 따른 그릇의 선택			
구이 제공	고명을 사용하는 능력			
	그릇에 음식을 담는 능력			

학습자 완성품 사진

병어양념구이

재료

- 병어 1마리
- 소금 1/2작은술

유장양념장

- 참기름 2작은술
- 간장 1/2작은술

양념장

- 고추장 2큰술
- 설탕 2작은술
- 다진 대파 2작은술
- 다진 마늘 1작은술
- 참기름 2작은술
- 참깨 1/3작은술
- 후춧가루 약간

만드는 법

재료 확인하기
1 병어, 소금, 참기름, 간장, 고추장, 설탕, 대파, 마늘 등 확인하기

사용할 도구 선택하기
2 프라이팬, 석쇠, 나무젓가락 등을 선택하여 준비한다.

재료 계량하기
3 각각의 재료 분량을 컵과 계량스푼, 저울로 계량하기

재료 준비하기
4 병어는 지느러미를 손질하고 비늘을 긁는다. 아가미로 내장을 꺼내고 생선 등쪽에 2cm 간격으로 칼집을 넣는다.
5 손질한 병어에 소금을 뿌려 간을 한다.

양념장 만들기
6 분량의 재료를 섞어 유장을 만든다.
7 분량의 재료를 섞어 고추장양념을 만든다.

조리하기
8 병어에 물기를 닦고 유장을 발라 석쇠에 굽는다.
9 애벌구이한 병어에 고추장양념을 발라 타지 않게 굽는다.

담아 완성하기
10 병어양념구이 담을 그릇을 선택한다.
11 병어의 머리는 왼쪽, 배는 아래쪽에 오도록 담는다.

▌평가자 체크리스트

학습내용	평가 항목	성취수준		
		상	중	하
구이 재료 준비	측정도구와 계량 방법 선택			
	구이 종류에 따른 재료 준비 방법			
	재료에 따라 요구되는 전처리 방법			
구이 양념장 제조	양념장 재료를 비율대로 혼합, 조절하는 방법			
	필요에 따라 양념장을 숙성하는 방법			
구이 조리	유장처리하는 방법			
	초벌구이를 하는 방법			
	불을 조절하는 능력			
	재료의 형태와 색을 고려하여 조리하는 능력			
구이 그릇 선택	재료의 형태에 따른 그릇 선택의 능력			
	분량에 따른 그릇 선택 능력			
구이 그릇 선택	고명을 장식하는 능력			
	완성품을 담아 제공하는 능력			

▌서술형 시험

학습내용	평가 항목	성취수준		
		상	중	하
구이 재료 준비	구이용 재료에 적합한 계량하는 방법			
	구이에 적합한 도구 선택과 재료 손질 방법			
	재료에 따른 전처리 방법			
구이 양념장 제조	양념장을 비율대로 조절하여 혼합하는 방법			
	양념장을 적합하게 숙성시키는 방법			
구이 조리	유장을 하여 굽는 이유			
	초벌구이를 하는 방법			
	불의 세기를 조절해야 하는 이유			
	석쇠에 재료가 붙지 않도록 하는 방법			
구이 그릇 선택	재료 및 형태에 따른 그릇 선택 시 고려사항			
	분량에 따른 그릇 선택 방법			
구이 제공	고명을 사용하는 목적			
	음식의 맛과 온도와의 관계			

작업장 평가

학습내용	평가 항목	성취수준		
		상	중	하
구이 재료 준비	조리에 사용하는 재료를 필요량에 맞게 계량하는 능력			
	구이 종류에 따라 도구를 선택하고 준비할 수 있는 능력			
	재료에 따라 전처리를 하는 능력			
구이 양념장 제조	양념장을 비율대로 혼합, 조절하는 능력			
	필요시 양념장을 숙성하는 능력			
구이 조리	구이에 따라 유장처리나 양념을 하는 능력			
	재료의 특성을 고려하여 초벌구이하는 능력			
	불의 세기를 조절하여 조리하는 능력			
	재료의 색과 형태를 유지해서 조리하는 능력			
구이 그릇 선택	구이 종류에 따른 그릇의 선택			
	분량에 따른 그릇의 선택			
구이 제공	고명을 사용하는 능력			
	그릇에 음식을 담는 능력			

학습자 완성품 사진

대합구이

재료

- 대합 3개
- 조갯살 100g
- 청주 약간
- 다진 소고기 50g
- 두부 50g
- 밀가루 3큰술
- 달걀 1개
- 식용유 적량
- 초간장 약간

소양념

- 소금 1/2작은술
- 설탕 1작은술
- 다진 대파 1작은술
- 다진 마늘 1/2작은술
- 깨소금 1/2작은술
- 참기름 1/2작은술
- 후춧가루 약간

만드는 법

재료 확인하기
1 대합, 조갯살, 청주, 소고기, 두부, 밀가루, 달걀을 확인하기

사용할 도구 선택하기
2 프라이팬, 석쇠, 나무젓가락 등을 선택하여 준비한다.

재료 계량하기
3 각각의 재료 분량을 컵과 계량스푼, 저울로 계량하기

재료 준비하기
4 냄비에 물을 조금 넣고 대합 씻은 것을 넣어서 불에 올린다. 입이 벌어지면 바로 불을 끄고 대합살을 발라내어 곱게 다진다. 껍데기를 깨끗이 씻어 놓는다.
5 조갯살은 물기를 제거하여 곱게 다진다.
6 두부를 눌러서 물기를 제거하고 곱게 으깬다.

양념장 만들기
7 분량의 재료를 섞어 소양념을 만든다.

조리하기
8 으깬 두부, 소고기, 조갯살을 소양념으로 잘 버무린다.
9 대합 껍데기의 안쪽에 기름을 얇게 바르고 밀가루를 살짝 뿌려 소를 채운다.
10 윗면을 고르게 하여, 밀가루, 달걀을 묻혀 전유어처럼 지진다. 석쇠에 올려 굽는다.
11 쑥갓잎과 붉은 고추 등으로 고명을 하여도 좋다.

담아 완성하기
12 대합구이 담을 그릇을 선택한다.
13 대합구이를 담아낸다. 초간장을 곁들인다.

| 평가자 체크리스트

학습내용	평가 항목	성취수준		
		상	중	하
구이 재료 준비	측정도구와 계량 방법 선택			
	구이 종류에 따른 재료 준비 방법			
	재료에 따라 요구되는 전처리 방법			
구이 양념장 제조	양념장 재료를 비율대로 혼합, 조절하는 방법			
	필요에 따라 양념장을 숙성하는 방법			
구이 조리	유장처리하는 방법			
	초벌구이를 하는 방법			
	불을 조절하는 능력			
	재료의 형태와 색을 고려하여 조리하는 능력			
구이 그릇 선택	재료의 형태에 따른 그릇 선택의 능력			
	분량에 따른 그릇 선택 능력			
구이 그릇 선택	고명을 장식하는 능력			
	완성품을 담아 제공하는 능력			

| 서술형 시험

학습내용	평가 항목	성취수준		
		상	중	하
구이 재료 준비	구이용 재료에 적합한 계량하는 방법			
	구이에 적합한 도구 선택과 재료 손질 방법			
	재료에 따른 전처리 방법			
구이 양념장 제조	양념장을 비율대로 조절하여 혼합하는 방법			
	양념장을 적합하게 숙성시키는 방법			
구이 조리	유장을 하여 굽는 이유			
	초벌구이를 하는 방법			
	불의 세기를 조절해야 하는 이유			
	석쇠에 재료가 붙지 않도록 하는 방법			
구이 그릇 선택	재료 및 형태에 따른 그릇 선택 시 고려사항			
	분량에 따른 그릇 선택 방법			
구이 제공	고명을 사용하는 목적			
	음식의 맛과 온도와의 관계			

작업장 평가

학습내용	평가 항목	성취수준		
		상	중	하
구이 재료 준비	조리에 사용하는 재료를 필요량에 맞게 계량하는 능력			
	구이 종류에 따라 도구를 선택하고 준비할 수 있는 능력			
	재료에 따라 전처리를 하는 능력			
구이 양념장 제조	양념장을 비율대로 혼합, 조절하는 능력			
	필요시 양념장을 숙성하는 능력			
구이 조리	구이에 따라 유장처리나 양념을 하는 능력			
	재료의 특성을 고려하여 초벌구이하는 능력			
	불의 세기를 조절하여 조리하는 능력			
	재료의 색과 형태를 유지해서 조리하는 능력			
구이 그릇 선택	구이 종류에 따른 그릇의 선택			
	분량에 따른 그릇의 선택			
구이 제공	고명을 사용하는 능력			
	그릇에 음식을 담는 능력			

학습자 완성품 사진

대하구이

재료

- 대하 2마리
- 소금 약간
- 후춧가루 약간
- 초간장 적당량

만드는 법

재료 확인하기

1 대하, 소금, 후추를 확인하기

사용할 도구 선택하기

2 프라이팬, 석쇠, 가위, 나무젓가락 등을 선택하여 준비한다.

재료 계량하기

3 각각의 재료 분량을 컵과 계량스푼, 저울로 계량하기

재료 준비하기

4 대하는 물에 씻어 대하다리와 수염을 가위로 손질하고 내장을 제거한다.
5 등쪽에 칼집을 넣어 반으로 가르고 새우살에 잔잔한 칼집을 낸다. 소금, 후추로 간을 한다.

조리하기

6 생선 굽는 그릴에 노릇노릇하게 굽는다.

담아 완성하기

7 대하구이 담을 그릇을 선택한다.
8 대하구이를 담아낸다. 초간장을 곁들인다.

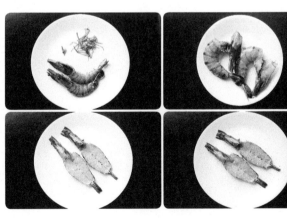

학습 평가

| 평가자 체크리스트

학습내용	평가 항목	성취수준		
		상	중	하
구이 재료 준비	측정도구와 계량 방법 선택			
	구이 종류에 따른 재료 준비 방법			
	재료에 따라 요구되는 전처리 방법			
구이 양념장 제조	양념장 재료를 비율대로 혼합, 조절하는 방법			
	필요에 따라 양념장을 숙성하는 방법			
구이 조리	유장처리하는 방법			
	초벌구이를 하는 방법			
	불을 조절하는 능력			
	재료의 형태와 색을 고려하여 조리하는 능력			
구이 그릇 선택	재료의 형태에 따른 그릇 선택의 능력			
	분량에 따른 그릇 선택 능력			
구이 그릇 선택	고명을 장식하는 능력			
	완성품을 담아 제공하는 능력			

| 서술형 시험

학습내용	평가 항목	성취수준		
		상	중	하
구이 재료 준비	구이용 재료에 적합한 계량하는 방법			
	구이에 적합한 도구 선택과 재료 손질 방법			
	재료에 따른 전처리 방법			
구이 양념장 제조	양념장을 비율대로 조절하여 혼합하는 방법			
	양념장을 적합하게 숙성시키는 방법			
구이 조리	유장을 하여 굽는 이유			
	초벌구이를 하는 방법			
	불의 세기를 조절해야 하는 이유			
	석쇠에 재료가 붙지 않도록 하는 방법			
구이 그릇 선택	재료 및 형태에 따른 그릇 선택 시 고려사항			
	분량에 따른 그릇 선택 방법			
구이 제공	고명을 사용하는 목적			
	음식의 맛과 온도와의 관계			

작업장 평가

학습내용	평가 항목	성취수준		
		상	중	하
구이 재료 준비	조리에 사용하는 재료를 필요량에 밎게 계량하는 능력			
	구이 종류에 따라 도구를 선택하고 준비할 수 있는 능력			
	재료에 따라 전처리를 하는 능력			
구이 양념장 제조	양념장을 비율대로 혼합, 조절하는 능력			
	필요시 양념장을 숙성하는 능력			
구이 조리	구이에 따라 유장처리나 양념을 하는 능력			
	재료의 특성을 고려하여 초벌구이하는 능력			
	불의 세기를 조절하여 조리하는 능력			
	재료의 색과 형태를 유지해서 조리하는 능력			
구이 그릇 선택	구이 종류에 따른 그릇의 선택			
	분량에 따른 그릇의 선택			
구이 제공	고명을 사용하는 능력			
	그릇에 음식을 담는 능력			

학습자 완성품 사진

새우소금구이

재료

- 중하 10마리
- 굵은소금 1컵
- 초고추장 적당량

만드는 법

재료 확인하기
1 중하, 굵은소금, 초고추장을 확인하기

사용할 도구 선택하기
2 프라이팬, 석쇠, 나무젓가락 등을 선택하여 준비한다.

재료 계량하기
3 각각의 재료 분량을 컵과 계량스푼, 저울로 계량하기

재료 준비하기
4 새우 머리의 골과 몸에 있는 내장을 제거하여 깨끗하게 씻는다.

조리하기
5 새우 물기를 제거한다.
6 팬에 굵은소금을 깔고 새우를 얹어 굽는다.

담아 완성하기
7 새우소금구이 담을 그릇을 선택한다.
8 그릇에 새우소금구이를 담는다. 초고추장을 곁들여낸다.

학습 평가

평가자 체크리스트

학습내용	평가 항목	성취수준		
		상	중	하
구이 재료 준비	측정도구와 계량 방법 선택			
	구이 종류에 따른 재료 준비 방법			
	재료에 따라 요구되는 전처리 방법			
구이 양념장 제조	양념장 재료를 비율대로 혼합, 조절하는 방법			
	필요에 따라 양념장을 숙성하는 방법			
구이 조리	유장처리하는 방법			
	초벌구이를 하는 방법			
	불을 조절하는 능력			
	재료의 형태와 색을 고려하여 조리하는 능력			
구이 그릇 선택	재료의 형태에 따른 그릇 선택의 능력			
	분량에 따른 그릇 선택 능력			
구이 그릇 선택	고명을 장식하는 능력			
	완성품을 담아 제공하는 능력			

서술형 시험

학습내용	평가 항목	성취수준		
		상	중	하
구이 재료 준비	구이용 재료에 적합한 계량하는 방법			
	구이에 적합한 도구 선택과 재료 손질 방법			
	재료에 따른 전처리 방법			
구이 양념장 제조	양념장을 비율대로 조절하여 혼합하는 방법			
	양념장을 적합하게 숙성시키는 방법			
구이 조리	유장을 하여 굽는 이유			
	초벌구이를 하는 방법			
	불의 세기를 조절해야 하는 이유			
	석쇠에 재료가 붙지 않도록 하는 방법			
구이 그릇 선택	재료 및 형태에 따른 그릇 선택 시 고려사항			
	분량에 따른 그릇 선택 방법			
구이 제공	고명을 사용하는 목적			
	음식의 맛과 온도와의 관계			

작업장 평가

학습내용	평가 항목	성취수준		
		상	중	하
구이 재료 준비	조리에 사용하는 재료를 필요량에 맞게 계량하는 능력			
	구이 종류에 따라 도구를 선택하고 준비할 수 있는 능력			
	재료에 따라 전처리를 하는 능력			
구이 양념장 제조	양념장을 비율대로 혼합, 조절하는 능력			
	필요시 양념장을 숙성하는 능력			
구이 조리	구이에 따라 유장처리나 양념을 하는 능력			
	재료의 특성을 고려하여 초벌구이하는 능력			
	불의 세기를 조절하여 조리하는 능력			
	재료의 색과 형태를 유지해서 조리하는 능력			
구이 그릇 선택	구이 종류에 따른 그릇의 선택			
	분량에 따른 그릇의 선택			
구이 제공	고명을 사용하는 능력			
	그릇에 음식을 담는 능력			

학습자 완성품 사진

오징어솔방울구이

재료

- 오징어 1마리

고추장양념
- 고추장 3큰술
- 고춧가루 1/2큰술
- 설탕 1큰술
- 물엿 1큰술
- 다진 대파 1큰술
- 다진 마늘 1/2큰술
- 다진 생강 1/2작은술
- 청주 1작은술
- 참깨 1작은술
- 후춧가루 1/6작은술

만드는 법

재료 확인하기
1 오징어, 고추장, 고춧가루, 설탕, 대파 등 확인하기

사용할 도구 선택하기
2 프라이팬, 나무젓가락 등을 선택하여 준비한다.

재료 계량하기
3 각각의 재료 분량을 컵과 계량스푼, 저울로 계량하기

재료 준비하기
4 오징어는 반으로 갈라 껍질을 벗긴다.
5 오징어 안쪽에 대각선으로 칼집을 넣어 4cm×3cm 크기로 썬다.

양념장 만들기
6 분량의 재료를 섞어 고추장양념을 만든다.

조리하기
7 손질된 오징어에 양념을 발라 석쇠나 팬에 굽는다.

담아 완성하기
8 오징어솔방울구이 담을 그릇을 선택한다.
9 그릇에 오징어솔방울구이를 담는다.

학습 평가

평가자 체크리스트

학습내용	평가 항목	성취수준		
		상	중	하
구이 재료 준비	측정도구와 계량 방법 선택			
	구이 종류에 따른 재료 준비 방법			
	재료에 따라 요구되는 전처리 방법			
구이 양념장 제조	양념장 재료를 비율대로 혼합, 조절하는 방법			
	필요에 따라 양념장을 숙성하는 방법			
구이 조리	유장처리하는 방법			
	초벌구이를 하는 방법			
	불을 조절하는 능력			
	재료의 형태와 색을 고려하여 조리하는 능력			
구이 그릇 선택	재료의 형태에 따른 그릇 선택의 능력			
	분량에 따른 그릇 선택 능력			
구이 그릇 선택	고명을 장식하는 능력			
	완성품을 담아 제공하는 능력			

서술형 시험

학습내용	평가 항목	성취수준		
		상	중	하
구이 재료 준비	구이용 재료에 적합한 계량하는 방법			
	구이에 적합한 도구 선택과 재료 손질 방법			
	재료에 따른 전처리 방법			
구이 양념장 제조	양념장을 비율대로 조절하여 혼합하는 방법			
	양념장을 적합하게 숙성시키는 방법			
구이 조리	유장을 하여 굽는 이유			
	초벌구이를 하는 방법			
	불의 세기를 조절해야 하는 이유			
	석쇠에 재료가 붙지 않도록 하는 방법			
구이 그릇 선택	재료 및 형태에 따른 그릇 선택 시 고려사항			
	분량에 따른 그릇 선택 방법			
구이 제공	고명을 사용하는 목적			
	음식의 맛과 온도와의 관계			

작업장 평가

학습내용	평가 항목	성취수준		
		상	중	하
구이 재료 준비	조리에 사용하는 재료를 필요량에 맞게 계량하는 능력			
	구이 종류에 따라 도구를 선택하고 준비할 수 있는 능력			
	재료에 따라 전처리를 하는 능력			
구이 양념장 제조	양념장을 비율대로 혼합, 조절하는 능력			
	필요시 양념장을 숙성하는 능력			
구이 조리	구이에 따라 유장처리나 양념을 하는 능력			
	재료의 특성을 고려하여 초벌구이하는 능력			
	불의 세기를 조절하여 조리하는 능력			
	재료의 색과 형태를 유지해서 조리하는 능력			
구이 그릇 선택	구이 종류에 따른 그릇의 선택			
	분량에 따른 그릇의 선택			
구이 제공	고명을 사용하는 능력			
	그릇에 음식을 담는 능력			

학습자 완성품 사진

오징어통구이

재료

- 오징어 1마리

양념장
- 간장 4큰술
- 설탕 2큰술
- 다진 대파 3큰술
- 다진 마늘 1½큰술
- 깨소금 1½큰술
- 참기름 1½큰술
- 후춧가루 약간
- 배즙 4큰술

만드는 법

재료 확인하기

1 오징어, 간장, 설탕, 마늘, 깨소금, 참기름, 대파 등 확인하기

사용할 도구 선택하기

2 프라이팬, 나무젓가락 등을 선택하여 준비한다.

재료 계량하기

3 각각의 재료 분량을 컵과 계량스푼, 저울로 계량하기

재료 준비하기

4 오징어 몸통은 내장을 제거하고, 깨끗하게 씻는다. 몸통에 균일한 칼
   집을 낸다.
5 오징어 발은 입과 눈을 제거하고, 칼집을 내어 반을 가른다.

양념장 만들기

6 분량의 재료를 섞어 양념장을 만든다.

조리하기

7 팬에 양념장을 넣어 끓으면 오징어를 넣어 굽는다. 양념을 끼얹으며
   뒤집어가며 굽는다.

담아 완성하기

8 오징어통구이 담을 그릇을 선택한다.
9 그릇에 오징어통구이를 담아낸다.

평가자 체크리스트

학습내용	평가 항목	성취수준		
		상	중	하
구이 재료 준비	측정도구와 계량 방법 선택			
	구이 종류에 따른 재료 준비 방법			
	재료에 따라 요구되는 전처리 방법			
구이 양념장 제조	양념장 재료를 비율대로 혼합, 조절하는 방법			
	필요에 따라 양념장을 숙성하는 방법			
구이 조리	유장처리하는 방법			
	초벌구이를 하는 방법			
	불을 조절하는 능력			
	재료의 형태와 색을 고려하여 조리하는 능력			
구이 그릇 선택	재료의 형태에 따른 그릇 선택의 능력			
	분량에 따른 그릇 선택 능력			
구이 그릇 선택	고명을 장식하는 능력			
	완성품을 담아 제공하는 능력			

서술형 시험

학습내용	평가 항목	성취수준		
		상	중	하
구이 재료 준비	구이용 재료에 적합한 계량하는 방법			
	구이에 적합한 도구 선택과 재료 손질 방법			
	재료에 따른 전처리 방법			
구이 양념장 제조	양념장을 비율대로 조절하여 혼합하는 방법			
	양념장을 적합하게 숙성시키는 방법			
구이 조리	유장을 하여 굽는 이유			
	초벌구이를 하는 방법			
	불의 세기를 조절해야 하는 이유			
	석쇠에 재료가 붙지 않도록 하는 방법			
구이 그릇 선택	재료 및 형태에 따른 그릇 선택 시 고려사항			
	분량에 따른 그릇 선택 방법			
구이 제공	고명을 사용하는 목적			
	음식의 맛과 온도와의 관계			

작업장 평가

학습내용	평가 항목	성취수준		
		상	중	하
구이 재료 준비	조리에 사용하는 재료를 필요량에 맞게 계량하는 능력			
	구이 종류에 따라 도구를 선택하고 준비할 수 있는 능력			
	재료에 따라 전처리를 하는 능력			
구이 양념장 제조	양념장을 비율대로 혼합, 조절하는 능력			
	필요시 양념장을 숙성하는 능력			
구이 조리	구이에 따라 유장처리나 양념을 하는 능력			
	재료의 특성을 고려하여 초벌구이하는 능력			
	불의 세기를 조절하여 조리하는 능력			
	재료의 색과 형태를 유지해서 조리하는 능력			
구이 그릇 선택	구이 종류에 따른 그릇의 선택			
	분량에 따른 그릇의 선택			
구이 제공	고명을 사용하는 능력			
	그릇에 음식을 담는 능력			

학습자 완성품 사진

김구이

재료

- 김 10장
- 참기름 또는 들기름 5큰술
- 소금 적량

만드는 법

재료 확인하기
1 김, 참기름 또는 들기름, 소금을 확인하기

사용할 도구 선택하기
2 프라이팬, 석쇠, 나무젓가락 등을 선택하여 준비한다.

재료 계량하기
3 각각의 재료 분량을 컵과 계량스푼, 저울로 계량하기

재료 준비하기
4 김은 얇고 구멍이 뚫리지 않은 것으로 골라 짚이나 티를 골라낸다.

조리하기
5 김을 도마나 쟁반 위에 한 장씩 펴서 참기름을 고루 바르고, 소금을 조금씩 뿌린다.
6 김은 두 장씩 석쇠 사이에 끼워 불 위에서 거리를 두고 전체가 파릇한 빛이 나게 굽는다.
7 구운 김을 겹쳐서 놓고 칼이나 가위로 썬다.

담아 완성하기
8 김구이 담을 그릇을 선택한다.
9 그릇에 김구이를 담아낸다.

학습
평가

| 평가자 체크리스트

학습내용	평가 항목	성취수준		
		상	중	하
구이 재료 준비	측정도구와 계량 방법 선택			
	구이 종류에 따른 재료 준비 방법			
	재료에 따라 요구되는 전처리 방법			
구이 양념장 제조	양념장 재료를 비율대로 혼합, 조절하는 방법			
	필요에 따라 양념장을 숙성하는 방법			
구이 조리	유장처리하는 방법			
	초벌구이를 하는 방법			
	불을 조절하는 능력			
	재료의 형태와 색을 고려하여 조리하는 능력			
구이 그릇 선택	재료의 형태에 따른 그릇 선택의 능력			
	분량에 따른 그릇 선택 능력			
구이 그릇 선택	고명을 장식하는 능력			
	완성품을 담아 제공하는 능력			

| 서술형 시험

학습내용	평가 항목	성취수준		
		상	중	하
구이 재료 준비	구이용 재료에 적합한 계량하는 방법			
	구이에 적합한 도구 선택과 재료 손질 방법			
	재료에 따른 전처리 방법			
구이 양념장 제조	양념장을 비율대로 조절하여 혼합하는 방법			
	양념장을 적합하게 숙성시키는 방법			
구이 조리	유장을 하여 굽는 이유			
	초벌구이를 하는 방법			
	불의 세기를 조절해야 하는 이유			
	석쇠에 재료가 붙지 않도록 하는 방법			
구이 그릇 선택	재료 및 형태에 따른 그릇 선택 시 고려사항			
	분량에 따른 그릇 선택 방법			
구이 제공	고명을 사용하는 목적			
	음식의 맛과 온도와의 관계			

작업장 평가

학습내용	평가 항목	성취수준		
		상	중	하
구이 재료 준비	조리에 사용하는 재료를 필요량에 맞게 계량하는 능력			
	구이 종류에 따라 도구를 선택하고 준비할 수 있는 능력			
	재료에 따라 전처리를 하는 능력			
구이 양념장 제조	양념장을 비율대로 혼합, 조절하는 능력			
	필요시 양념장을 숙성하는 능력			
구이 조리	구이에 따라 유장처리나 양념을 하는 능력			
	재료의 특성을 고려하여 초벌구이하는 능력			
	불의 세기를 조절하여 조리하는 능력			
	재료의 색과 형태를 유지해서 조리하는 능력			
구이 그릇 선택	구이 종류에 따른 그릇의 선택			
	분량에 따른 그릇의 선택			
구이 제공	고명을 사용하는 능력			
	그릇에 음식을 담는 능력			

학습자 완성품 사진

가래떡구이

재료

· 가래떡 300g
· 조청 적당량

만드는 법

재료 준비하기
1 배합표에 따라 재료를 정확하게 계량한다.
2 사용하는 도구를 준비한다.

재료 손질하기
3 가래떡은 10cm 정도로 썬다.

조리하기
4 석쇠나 오븐에 가래떡을 올려 노릇하게 굽는다.

담아 완성하기
5 가래떡구이 담을 그릇을 선택한다.
6 가래떡구이를 담아낸다. 조청을 곁들여낸다.

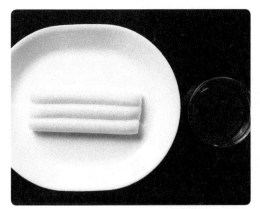

학습
평가

▌평가자 체크리스트

학습내용	평가 항목	성취수준		
		상	중	하
구이 재료 준비	측정도구와 계량 방법 선택			
	구이 종류에 따른 재료 준비 방법			
	재료에 따라 요구되는 전처리 방법			
구이 양념장 제조	양념장 재료를 비율대로 혼합, 조절하는 방법			
	필요에 따라 양념장을 숙성하는 방법			
구이 조리	유장처리하는 방법			
	초벌구이를 하는 방법			
	불을 조절하는 능력			
	재료의 형태와 색을 고려하여 조리하는 능력			
구이 그릇 선택	재료의 형태에 따른 그릇 선택의 능력			
	분량에 따른 그릇 선택 능력			
구이 그릇 선택	고명을 장식하는 능력			
	완성품을 담아 제공하는 능력			

▌서술형 시험

학습내용	평가 항목	성취수준		
		상	중	하
구이 재료 준비	구이용 재료에 적합한 계량하는 방법			
	구이에 적합한 도구 선택과 재료 손질 방법			
	재료에 따른 전처리 방법			
구이 양념장 제조	양념장을 비율대로 조절하여 혼합하는 방법			
	양념장을 적합하게 숙성시키는 방법			
구이 조리	유장을 하여 굽는 이유			
	초벌구이를 하는 방법			
	불의 세기를 조절해야 하는 이유			
	석쇠에 재료가 붙지 않도록 하는 방법			
구이 그릇 선택	재료 및 형태에 따른 그릇 선택 시 고려사항			
	분량에 따른 그릇 선택 방법			
구이 제공	고명을 사용하는 목적			
	음식의 맛과 온도와의 관계			

작업장 평가

학습내용	평가 항목	성취수준		
		상	중	하
구이 재료 준비	조리에 사용하는 재료를 필요량에 맞게 계량하는 능력			
	구이 종류에 따라 도구를 선택하고 준비할 수 있는 능력			
	재료에 따라 전처리를 하는 능력			
구이 양념장 제조	양념장을 비율대로 혼합, 조절하는 능력			
	필요시 양념장을 숙성하는 능력			
구이 조리	구이에 따라 유장처리나 양념을 하는 능력			
	재료의 특성을 고려하여 초벌구이하는 능력			
	불의 세기를 조절하여 조리하는 능력			
	재료의 색과 형태를 유지해서 조리하는 능력			
구이 그릇 선택	구이 종류에 따른 그릇의 선택			
	분량에 따른 그릇의 선택			
구이 제공	고명을 사용하는 능력			
	그릇에 음식을 담는 능력			

학습자 완성품 사진

수험자 유의사항

1) 만드는 순서에 유의하며, 위생과 숙련된 기능평가를 위하여 조리작업 시 맛을 보지 않습니다.

2) 지정된 수험자 지참준비물 이외의 조리기구나 재료를 시험장 내에 지참할 수 없습니다.

3) 지급재료는 시험 전 확인하여 이상이 있을 경우 시험위원으로부터 조치를 받고 시험 중에는 재료의 교환 및 추가지급은 하지 않습니다.

4) 요구사항 및 지급재료의 규격은 "정도"의 의미를 포함하며, 재료의 크기에 따라 가감하여 채점됩니다.

5) 위생복, 위생모, 앞치마, 마스크를 착용하여야 하며, 시험장비·조리기구 취급 등 안전에 유의합니다.

6) 다음 사항은 실격에 해당하여 채점 대상에서 제외됩니다.

　가) 수험자 본인이 시험 도중 시험에 대한 포기 의사를 표현하는 경우

　나) 위생복, 위생모, 앞치마, 마스크를 착용하지 않은 경우

　다) 시험시간 내에 과제 두 가지를 제출하지 못한 경우

　라) 문제의 요구사항대로 과제의 수량이 만들어지지 않은 경우

　마) 구이를 조림 등으로 조리하여 완성품을 요구사항과 다르게 만든 경우

　바) 불을 사용하여 만든 조리작품이 작품특성에 벗어나는 정도로 타거나 익지 않은 경우

　사) 해당 과제의 지급재료 이외 재료를 사용하거나 석쇠 등 요구사항의 조리기구를 사용하지 않은 경우

　아) 지정된 수험자 지참준비물 이외의 조리기구를 조리에 사용한 경우

　자) 가스레인지 화구 2개 이상(2개 포함) 사용한 경우

　차) 시험 중 시설·장비(칼, 가스레인지 등) 사용 시 시험위원 및 타 수험자의 시험 진행에 위해를 일으킬 것
　　으로 시험위원 전원이 합의하여 판단한 경우

　카) 요구사항에 표시된 실격 및 부정행위에 해당하는 경우

7) 항목별 배점은 위생상태 및 안전관리 5점, 조리기술 30점, 작품의 평가 15점입니다.

8) 시험시작 전 가벼운 몸 풀기(스트레칭) 동작으로 긴장을 풀고 시험을 시작합니다.

한식조리기능사
실기 품목

🍲 요구사항

────────────────────────────────────

※ 주어진 재료를 사용하여 다음과 같이 너비아니구이를 만드시오.

가. 완성된 너비아니는 0.5cm×4cm×5cm로 하시오.

나. 석쇠를 사용하여 굽고, 6쪽 제출하시오.

다. 잣가루를 고명으로 얹으시오.

너비아니구이

재료

- 소고기(등심 또는 안심) 100g
- 잣 1/2큰술
- 식용유 10ml

양념장

- 간장 1큰술
- 배즙(육수) 2큰술
- 다진 대파 2작은술
- 다진 마늘 1/2작은술
- 설탕 2작은술
- 깨소금 1/2작은술
- 참기름 1작은술
- 후춧가루 약간

만드는 법

재료 확인하기

1 소고기, 잣, 식용유, 간장, 배즙, 대파, 마늘 등 확인하기

사용할 도구 선택하기

2 프라이팬, 나무젓가락 등을 선택하여 준비한다.

재료 계량하기

3 각각의 재료 분량을 컵과 계량스푼, 저울로 계량하기

재료 준비하기

4 소고기는 등심 또는 안심으로 5cm×4cm×0.5cm 크기로 썰어 잔 칼집을 넣어 연하게 한다.
5 잣은 곱게 다진다.

양념장 만들기

6 파, 마늘, 설탕, 배즙, 후추, 깨소금을 넣어 고루 섞어 양념장을 만든다. (배즙이 없을 경우 육수를 사용해도 좋다.)

조리하기

7 손질한 고기에 고기양념을 고루 주물러 재워 놓는다.
8 석쇠를 불에 달궈 식용유를 바른다.
9 양념장에 재워둔 소고기를 가지런히 얹어 타지 않게 굽는다.

담아 완성하기

10 너비아니구이 담을 그릇을 선택한다.
11 너비아니구이를 따뜻하게 6쪽 담아내고 잣가루를 고명으로 뿌린다.

| 평가자 체크리스트

학습내용	평가 항목	성취수준		
		상	중	하
구이 재료 준비	측정도구와 계량 방법 선택			
	구이 종류에 따른 재료 준비 방법			
	재료에 따라 요구되는 전처리 방법			
구이 양념장 제조	양념장 재료를 비율대로 혼합, 조절하는 방법			
	필요에 따라 양념장을 숙성하는 방법			
구이 조리	유장처리하는 방법			
	초벌구이를 하는 방법			
	불을 조절하는 능력			
	재료의 형태와 색을 고려하여 조리하는 능력			
구이 그릇 선택	재료의 형태에 따른 그릇 선택의 능력			
	분량에 따른 그릇 선택 능력			
구이 그릇 선택	고명을 장식하는 능력			
	완성품을 담아 제공하는 능력			

| 서술형 시험

학습내용	평가 항목	성취수준		
		상	중	하
구이 재료 준비	구이용 재료에 적합한 계량하는 방법			
	구이에 적합한 도구 선택과 재료 손질 방법			
	재료에 따른 전처리 방법			
구이 양념장 제조	양념장을 비율대로 조절하여 혼합하는 방법			
	양념장을 적합하게 숙성시키는 방법			
구이 조리	유장을 하여 굽는 이유			
	초벌구이를 하는 방법			
	불의 세기를 조절해야 하는 이유			
	석쇠에 재료가 붙지 않도록 하는 방법			
구이 그릇 선택	재료 및 형태에 따른 그릇 선택 시 고려사항			
	분량에 따른 그릇 선택 방법			
구이 제공	고명을 사용하는 목적			
	음식의 맛과 온도와의 관계			

작업장 평가

학습내용	평가 항목	성취수준		
		상	중	하
구이 재료 준비	조리에 사용하는 재료를 필요량에 맞게 계량하는 능력			
	구이 종류에 따라 도구를 선택하고 준비할 수 있는 능력			
	재료에 따라 전처리를 하는 능력			
구이 양념장 제조	양념장을 비율대로 혼합, 조절하는 능력			
	필요시 양념장을 숙성하는 능력			
구이 조리	구이에 따라 유장처리나 양념을 하는 능력			
	재료의 특성을 고려하여 초벌구이하는 능력			
	불의 세기를 조절하여 조리하는 능력			
	재료의 색과 형태를 유지해서 조리하는 능력			
구이 그릇 선택	구이 종류에 따른 그릇의 선택			
	분량에 따른 그릇의 선택			
구이 제공	고명을 사용하는 능력			
	그릇에 음식을 담는 능력			

학습자 완성품 사진

※ 주어진 재료를 사용하여 다음과 같이 제육구이를 만드시오.

가. 완성된 제육은 0.4cm×4cm×5cm로 하시오.

나. 고추장 양념하여 석쇠에 구우시오.

다. 제육구이는 전량 제출하시오.

제육구이

시험시간
30분
조리기능사 실기 품목

재료

- 돼지고기 등심 또는 볼깃살 150g
- 식용유 2작은술

양념장
- 고추장 2큰술
- 간장 1작은술
- 설탕 1큰술
- 다진 대파 1작은술
- 다진 마늘 1/2작은술
- 생강즙 1/2작은술
- 참기름 1작은술
- 참깨 1작은술
- 후춧가루 약간

만드는 법

재료 확인하기
1 돼지고기, 식용유, 고추장, 간장, 설탕, 대파, 마늘 등 확인하기

사용할 도구 선택하기
2 프라이팬, 나무젓가락 등을 선택하여 준비한다.

재료 계량하기
3 각각의 재료 분량을 컵과 계량스푼, 저울로 계량하기

재료 준비하기
4 돼지고기는 0.4cm×4cm×5cm 크기로 썰어 잔 칼집을 넣는다.

양념장 만들기
5 양념 재료를 모두 섞어 양념을 만든다.

조리하기
6 돼지고기 목살에 양념을 넣어 잘 버무린다.
7 석쇠를 불에 달궈 식용유를 바른다.
8 양념장에 재워둔 돼지고기를 가지런히 얹어 타지 않게 굽는다.

담아 완성하기
9 제육구이 담을 그릇을 선택한다.
10 제육구이를 따뜻하게 담아낸다.

평가자 체크리스트

학습내용	평가 항목	성취수준		
		상	중	하
구이 재료 준비	측정도구와 계량 방법 선택			
	구이 종류에 따른 재료 준비 방법			
	재료에 따라 요구되는 전처리 방법			
구이 양념장 제조	양념장 재료를 비율대로 혼합, 조절하는 방법			
	필요에 따라 양념장을 숙성하는 방법			
구이 조리	유장처리하는 방법			
	초벌구이를 하는 방법			
	불을 조절하는 능력			
	재료의 형태와 색을 고려하여 조리하는 능력			
구이 그릇 선택	재료의 형태에 따른 그릇 선택의 능력			
	분량에 따른 그릇 선택 능력			
구이 그릇 선택	고명을 장식하는 능력			
	완성품을 담아 제공하는 능력			

서술형 시험

학습내용	평가 항목	성취수준		
		상	중	하
구이 재료 준비	구이용 재료에 적합한 계량하는 방법			
	구이에 적합한 도구 선택과 재료 손질 방법			
	재료에 따른 전처리 방법			
구이 양념장 제조	양념장을 비율대로 조절하여 혼합하는 방법			
	양념장을 적합하게 숙성시키는 방법			
구이 조리	유장을 하여 굽는 이유			
	초벌구이를 하는 방법			
	불의 세기를 조절해야 하는 이유			
	석쇠에 재료가 붙지 않도록 하는 방법			
구이 그릇 선택	재료 및 형태에 따른 그릇 선택 시 고려사항			
	분량에 따른 그릇 선택 방법			
구이 제공	고명을 사용하는 목적			
	음식의 맛과 온도와의 관계			

작업장 평가

학습내용	평가 항목	성취수준		
		상	중	하
구이 재료 준비	조리에 사용하는 재료를 필요량에 맞게 계량하는 능력			
	구이 종류에 따라 도구를 선택하고 준비할 수 있는 능력			
	재료에 따라 전처리를 하는 능력			
구이 양념장 제조	양념장을 비율대로 혼합, 조절하는 능력			
	필요시 양념장을 숙성하는 능력			
구이 조리	구이에 따라 유장처리나 양념을 하는 능력			
	재료의 특성을 고려하여 초벌구이하는 능력			
	불의 세기를 조절하여 조리하는 능력			
	재료의 색과 형태를 유지해서 조리하는 능력			
구이 그릇 선택	구이 종류에 따른 그릇의 선택			
	분량에 따른 그릇의 선택			
구이 제공	고명을 사용하는 능력			
	그릇에 음식을 담는 능력			

학습자 완성품 사진

※ 주어진 재료를 사용하여 다음과 같이 생선양념구이를 만드시오.

가. 생선은 머리와 꼬리를 포함하여 통째로 사용하고 내장은 아가미 쪽으로 제거하시오.

나. 유장으로 초벌구이하고, 고추장 양념으로 석쇠에 구우시오.

다. 생선구이는 머리 왼쪽, 배 앞쪽 방향으로 담아내시오.

생선양념구이

재료

- 조기 1마리
- 식용유 10ml
- 소금 1/2작은술

유장
- 참기름 1작은술
- 간장 1/3작은술

고추장양념
- 고추장 1큰술
- 설탕 1작은술
- 다진 대파 1작은술
- 다진 마늘 1/2작은술
- 참기름 1작은술
- 참깨 1/3작은술
- 후춧가루 약간

만드는 법

재료 확인하기
1 조기, 소금, 참기름, 간장, 고추장, 설탕, 대파, 마늘 등 확인하기

사용할 도구 선택하기
2 프라이팬, 석쇠, 나무젓가락 등을 선택하여 준비한다.

재료 계량하기
3 각각의 재료 분량을 컵과 계량스푼, 저울로 계량하기

재료 준비하기
4 조기는 지느러미를 손질하고 비늘을 긁는다. 아가미로 내장을 꺼내고 생선 등쪽에 2cm 간격으로 칼집을 넣는다.
5 손질한 조기에 소금을 뿌려 간을 한다.

양념장 만들기
6 분량의 재료를 섞어 유장을 만든다.
7 분량의 재료를 섞어 고추장양념을 만든다.

조리하기
8 조기의 물기를 닦고 유장을 발라 석쇠에 굽는다.
9 애벌구이한 조기에 고추장양념을 발라 타지 않게 굽는다.

담아 완성하기
10 생선양념구이 담을 그릇을 선택한다.
11 조기의 머리는 왼쪽, 배는 아래쪽에 오도록 담는다.

학습
평가

▌평가자 체크리스트

학습내용	평가 항목	성취수준		
		상	중	하
구이 재료 준비	측정도구와 계량 방법 선택			
	구이 종류에 따른 재료 준비 방법			
	재료에 따라 요구되는 전처리 방법			
구이 양념장 제조	양념장 재료를 비율대로 혼합, 조절하는 방법			
	필요에 따라 양념장을 숙성하는 방법			
구이 조리	유장처리하는 방법			
	초벌구이를 하는 방법			
	불을 조절하는 능력			
	재료의 형태와 색을 고려하여 조리하는 능력			
구이 그릇 선택	재료의 형태에 따른 그릇 선택의 능력			
	분량에 따른 그릇 선택 능력			
구이 그릇 선택	고명을 장식하는 능력			
	완성품을 담아 제공하는 능력			

▌서술형 시험

학습내용	평가 항목	성취수준		
		상	중	하
구이 재료 준비	구이용 재료에 적합한 계량하는 방법			
	구이에 적합한 도구 선택과 재료 손질 방법			
	재료에 따른 전처리 방법			
구이 양념장 제조	양념장을 비율대로 조절하여 혼합하는 방법			
	양념장을 적합하게 숙성시키는 방법			
구이 조리	유장을 하여 굽는 이유			
	초벌구이를 하는 방법			
	불의 세기를 조절해야 하는 이유			
	석쇠에 재료가 붙지 않도록 하는 방법			
구이 그릇 선택	재료 및 형태에 따른 그릇 선택 시 고려사항			
	분량에 따른 그릇 선택 방법			
구이 제공	고명을 사용하는 목적			
	음식의 맛과 온도와의 관계			

작업장 평가

학습내용	평가 항목	성취수준		
		상	중	하
구이 재료 준비	조리에 사용하는 재료를 필요량에 맞게 계량하는 능력			
	구이 종류에 따라 도구를 선택하고 준비할 수 있는 능력			
	재료에 따라 전처리를 하는 능력			
구이 양념장 제조	양념장을 비율대로 혼합, 조절하는 능력			
	필요시 양념장을 숙성하는 능력			
구이 조리	구이에 따라 유장처리나 양념을 하는 능력			
	재료의 특성을 고려하여 초벌구이하는 능력			
	불의 세기를 조절하여 조리하는 능력			
	재료의 색과 형태를 유지해서 조리하는 능력			
구이 그릇 선택	구이 종류에 따른 그릇의 선택			
	분량에 따른 그릇의 선택			
구이 제공	고명을 사용하는 능력			
	그릇에 음식을 담는 능력			

학습자 완성품 사진

🍲 **요구사항**

※ **주어진 재료를 사용하여 다음과 같이 북어구이를 만드시오.**

가. 구워진 북어의 길이는 5cm로 하시오.

나. 초벌구이하고, 고추장 양념으로 석쇠에 구우시오.

다. 완성품은 3개를 제출하시오.(단, 세로로 잘라 3/6토막 제출할 경우 수량 부족으로 실격 처리됩니다.)

북어구이

재료

- 북어포 1마리
- 식용유 2작은술

유장
- 참기름 1큰술
- 간장 1/2작은술
- 소금 약간

고추장양념
- 고추장 2큰술
- 간장 1/2작은술
- 설탕 1큰술
- 다진 대파 1큰술
- 다진 마늘 1/2큰술
- 참기름 1작은술
- 참깨 1/2작은술
- 후춧가루 약간

만드는 법

재료 확인하기
1 북어, 소금, 참기름, 간장, 고추장, 설탕, 대파, 마늘 등 확인하기

사용할 도구 선택하기
2 프라이팬, 석쇠, 나무젓가락 등을 선택하여 준비한다.

재료 계량하기
3 각각의 재료 분량을 컵과 계량스푼, 저울로 계량하기

재료 준비하기
4 북어는 물에 불려 물기를 짜고 지느러미, 머리, 꼬리를 제거한 뒤 뼈를 발라 6cm 길이로 자른다.
5 등쪽 껍질에 칼집을 넣는다.

양념장 만들기
6 분량의 재료를 섞어 유장을 만든다.
7 분량의 재료를 섞어 고추장양념을 만든다.

조리하기
8 불린 북어는 유장으로 양념을 한다.
9 달궈진 석쇠에 유장 처리한 북어를 굽고, 고추장양념을 발라 약한 불에서 다시 한 번 굽는다.

담아 완성하기
10 북어구이 담을 그릇을 선택한다.
11 북어는 3개를 따뜻하게 담는다.

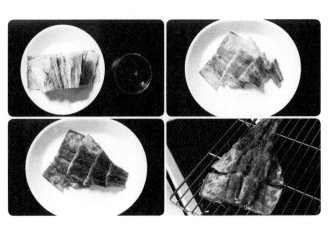

학습 평가

| 평가자 체크리스트

학습내용	평가 항목	성취수준		
		상	중	하
구이 재료 준비	측정도구와 계량 방법 선택			
	구이 종류에 따른 재료 준비 방법			
	재료에 따라 요구되는 전처리 방법			
구이 양념장 제조	양념장 재료를 비율대로 혼합, 조절하는 방법			
	필요에 따라 양념장을 숙성하는 방법			
구이 조리	유장처리하는 방법			
	초벌구이를 하는 방법			
	불을 조절하는 능력			
	재료의 형태와 색을 고려하여 조리하는 능력			
구이 그릇 선택	재료의 형태에 따른 그릇 선택의 능력			
	분량에 따른 그릇 선택 능력			
구이 그릇 선택	고명을 장식하는 능력			
	완성품을 담아 제공하는 능력			

| 서술형 시험

학습내용	평가 항목	성취수준		
		상	중	하
구이 재료 준비	구이용 재료에 적합한 계량하는 방법			
	구이에 적합한 도구 선택과 재료 손질 방법			
	재료에 따른 전처리 방법			
구이 양념장 제조	양념장을 비율대로 조절하여 혼합하는 방법			
	양념장을 적합하게 숙성시키는 방법			
구이 조리	유장을 하여 굽는 이유			
	초벌구이를 하는 방법			
	불의 세기를 조절해야 하는 이유			
	석쇠에 재료가 붙지 않도록 하는 방법			
구이 그릇 선택	재료 및 형태에 따른 그릇 선택 시 고려사항			
	분량에 따른 그릇 선택 방법			
구이 제공	고명을 사용하는 목적			
	음식의 맛과 온도와의 관계			

작업장 평가

학습내용	평가 항목	성취수준		
		상	중	하
구이 재료 준비	조리에 사용하는 새료를 필요량에 맞게 계량하는 능력			
	구이 종류에 따라 도구를 선택하고 준비할 수 있는 능력			
	재료에 따라 전처리를 하는 능력			
구이 양념장 제조	양념장을 비율대로 혼합, 조절하는 능력			
	필요시 양념장을 숙성하는 능력			
구이 조리	구이에 따라 유장처리나 양념을 하는 능력			
	재료의 특성을 고려하여 초벌구이하는 능력			
	불의 세기를 조절하여 조리하는 능력			
	재료의 색과 형태를 유지해서 조리하는 능력			
구이 그릇 선택	구이 종류에 따른 그릇의 선택			
	분량에 따른 그릇의 선택			
구이 제공	고명을 사용하는 능력			
	그릇에 음식을 담는 능력			

학습자 완성품 사진

🍲 요구사항

※ **주어진 재료를 사용하여 다음과 같이 더덕구이를 만드시오.**

가. 더덕은 껍질을 벗겨 사용하시오.

나. 유장으로 초벌구이하고, 고추장 양념으로 석쇠에 구우시오.

다. 완성품은 전량 제출하시오.

더덕구이

재료

- 통더덕 3개
- 소금 2작은술
- 식용유 2작은술

유장
- 참기름 1작은술
- 간장 1/2작은술

고추장양념
- 고추장 1큰술
- 설탕 1/2작은술
- 다진 마늘 1/2작은술
- 다진 대파 1작은술
- 참기름 1/2작은술
- 참깨 1/3작은술
- 물 1작은술

만드는 법

재료 확인하기
1 더덕, 소금, 식용유, 참기름, 간장, 설탕, 마늘, 대파 등 확인하기

사용할 도구 선택하기
2 프라이팬, 석쇠, 나무젓가락 등을 선택하여 준비한다.

재료 계량하기
3 각각의 재료 분량을 컵과 계량스푼, 저울로 계량하기

재료 준비하기
4 더덕은 솔로 문질러 깨끗하게 씻은 뒤 껍질을 벗긴다. 소금물에 담근다.
5 깐 더덕은 방망이로 살살 두들겨 편다.

양념장 만들기
6 분량의 재료를 섞어 유장을 만든다.
7 분량의 재료를 섞어 고추장양념장을 만든다.

조리하기
8 더덕에 유장을 하고 석쇠에 굽는다.
9 유장에 구운 더덕은 고추장양념을 발라 석쇠에 굽는다.

담아 완성하기
10 더덕구이 담을 그릇을 선택한다.
11 더덕구이를 5cm 길이로 썰어 8개 담는다.

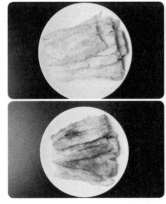

| 평가자 체크리스트

학습내용	평가 항목	성취수준 상	중	하
구이 재료 준비	측정도구와 계량 방법 선택			
	구이 종류에 따른 재료 준비 방법			
	재료에 따라 요구되는 전처리 방법			
구이 양념장 제조	양념장 재료를 비율대로 혼합, 조절하는 방법			
	필요에 따라 양념장을 숙성하는 방법			
구이 조리	유장처리하는 방법			
	초벌구이를 하는 방법			
	불을 조절하는 능력			
	재료의 형태와 색을 고려하여 조리하는 능력			
구이 그릇 선택	재료의 형태에 따른 그릇 선택의 능력			
	분량에 따른 그릇 선택 능력			
구이 그릇 선택	고명을 장식하는 능력			
	완성품을 담아 제공하는 능력			

| 서술형 시험

학습내용	평가 항목	성취수준 상	중	하
구이 재료 준비	구이용 재료에 적합한 계량하는 방법			
	구이에 적합한 도구 선택과 재료 손질 방법			
	재료에 따른 전처리 방법			
구이 양념장 제조	양념장을 비율대로 조절하여 혼합하는 방법			
	양념장을 적합하게 숙성시키는 방법			
구이 조리	유장을 하여 굽는 이유			
	초벌구이를 하는 방법			
	불의 세기를 조절해야 하는 이유			
	석쇠에 재료가 붙지 않도록 하는 방법			
구이 그릇 선택	재료 및 형태에 따른 그릇 선택 시 고려사항			
	분량에 따른 그릇 선택 방법			
구이 제공	고명을 사용하는 목적			
	음식의 맛과 온도와의 관계			

작업장 평가

학습내용	평가 항목	성취수준		
		상	중	하
구이 재료 준비	조리에 사용하는 재료를 필요량에 맞게 계량하는 능력			
	구이 종류에 따라 도구를 선택하고 준비할 수 있는 능력			
	재료에 따라 전처리를 하는 능력			
구이 양념장 제조	양념장을 비율대로 혼합, 조절하는 능력			
	필요시 양념장을 숙성하는 능력			
구이 조리	구이에 따라 유장처리나 양념을 하는 능력			
	재료의 특성을 고려하여 초벌구이하는 능력			
	불의 세기를 조절하여 조리하는 능력			
	재료의 색과 형태를 유지해서 조리하는 능력			
구이 그릇 선택	구이 종류에 따른 그릇의 선택			
	분량에 따른 그릇의 선택			
구이 제공	고명을 사용하는 능력			
	그릇에 음식을 담는 능력			

학습자 완성품 사진

일일 개인위생 점검표(입실준비)

점검 항목	착용 및 실시 여부	점검결과		
		양호	보통	미흡
조리모				
두발의 형태에 따른 손질(머리망 등)				
조리복 상의				
조리복 바지				
앞치마				
스카프				
안전화				
손톱의 길이 및 매니큐어 여부				
반지, 시계, 팔찌 등				
짙은 화장				
향수				
손 씻기				
상처유무 및 적절한 조치				
흰색 행주 지참				
사이드 타월				
개인용 조리도구				

일일 위생 점검표(퇴실준비)

점검 항목	착용 및 실시 여부	점검결과		
		양호	보통	미흡
그릇, 기물 세척 및 정리정돈				
기계, 도구, 장비 세척 및 정리정돈				
작업대 청소 및 물기 제거				
가스레인지 또는 인덕션 청소				
양념통 정리				
남은 재료 정리정돈				
음식 쓰레기 처리				
개수대 청소				
수도 주변 및 세제 관리				
바닥 청소				
청소도구 정리정돈				
전기 및 Gas 체크				

점검일 :   년   월   일   이름 :

일일 개인위생 점검표(입실준비)

점검 항목	착용 및 실시 여부	점검결과		
		양호	보통	미흡
조리모				
두발의 형태에 따른 손질(머리망 등)				
조리복 상의				
조리복 바지				
앞치마				
스카프				
안전화				
손톱의 길이 및 매니큐어 여부				
반지, 시계, 팔찌 등				
짙은 화장				
향수				
손 씻기				
상처유무 및 적절한 조치				
흰색 행주 지참				
사이드 타월				
개인용 조리도구				

점검일 : 년 월 일 이름 :

일일 위생 점검표(퇴실준비)

점검 항목	착용 및 실시 여부	점검결과		
		양호	보통	미흡
그릇, 기물 세척 및 정리정돈				
기계, 도구, 장비 세척 및 정리정돈				
작업대 청소 및 물기 제거				
가스레인지 또는 인덕션 청소				
양념통 정리				
남은 재료 정리정돈				
음식 쓰레기 처리				
개수대 청소				
수도 주변 및 세제 관리				
바닥 청소				
청소도구 정리정돈				
전기 및 Gas 체크				

점검일 : 년 월 일 이름 :

일일 개인위생 점검표(입실준비)

점검 항목	착용 및 실시 여부	점검결과		
		양호	보통	미흡
조리모				
두발의 형태에 따른 손질(머리망 등)				
조리복 상의				
조리복 바지				
앞치마				
스카프				
안전화				
손톱의 길이 및 매니큐어 여부				
반지, 시계, 팔찌 등				
짙은 화장				
향수				
손 씻기				
상처유무 및 적절한 조치				
흰색 행주 지참				
사이드 타월				
개인용 조리도구				

점검일 :   년   월   일   이름 :

일일 위생 점검표(퇴실준비)

점검 항목	착용 및 실시 여부	점검결과		
		양호	보통	미흡
그릇, 기물 세척 및 정리정돈				
기계, 도구, 장비 세척 및 정리정돈				
작업대 청소 및 물기 제거				
가스레인지 또는 인덕션 청소				
양념통 정리				
남은 재료 정리정돈				
음식 쓰레기 처리				
개수대 청소				
수도 주변 및 세제 관리				
바닥 청소				
청소도구 정리정돈				
전기 및 Gas 체크				

점검일 :   년   월   일   이름 :

일일 개인위생 점검표(입실준비)

점검 항목	착용 및 실시 어부	점검결과		
		양호	보통	미흡
조리모				
두발의 형태에 따른 손질(머리망 등)				
조리복 상의				
조리복 바지				
앞치마				
스카프				
안전화				
손톱의 길이 및 매니큐어 여부				
반지, 시계, 팔찌 등				
짙은 화장				
향수				
손 씻기				
상처유무 및 적절한 조치				
흰색 행주 지참				
사이드 타월				
개인용 조리도구				

점검일 : 년 월 일 이름 :

일일 위생 점검표(퇴실준비)

점검 항목	착용 및 실시 여부	점검결과		
		양호	보통	미흡
그릇, 기물 세척 및 정리정돈				
기계, 도구, 장비 세척 및 정리정돈				
작업대 청소 및 물기 제거				
가스레인지 또는 인덕션 청소				
양념통 정리				
남은 재료 정리정돈				
음식 쓰레기 처리				
개수대 청소				
수도 주변 및 세제 관리				
바닥 청소				
청소도구 정리정돈				
전기 및 Gas 체크				

점검일 : 년 월 일 이름 :

일일 개인위생 점검표(입실준비)

점검 항목	착용 및 실시 여부	점검결과		
점검일 : 년 월 일 이름 :		양호	보통	미흡
조리모				
두발의 형태에 따른 손질(머리망 등)				
조리복 상의				
조리복 바지				
앞치마				
스카프				
안전화				
손톱의 길이 및 매니큐어 여부				
반지, 시계, 팔찌 등				
짙은 화장				
향수				
손 씻기				
상처유무 및 적절한 조치				
흰색 행주 지참				
사이드 타월				
개인용 조리도구				

일일 위생 점검표(퇴실준비)

점검 항목	착용 및 실시 여부	점검결과		
점검일 : 년 월 일 이름 :		양호	보통	미흡
그릇, 기물 세척 및 정리정돈				
기계, 도구, 장비 세척 및 정리정돈				
작업대 청소 및 물기 제거				
가스레인지 또는 인덕션 청소				
양념통 정리				
남은 재료 정리정돈				
음식 쓰레기 처리				
개수대 청소				
수도 주변 및 세제 관리				
바닥 청소				
청소도구 정리정돈				
전기 및 Gas 체크				

일일 개인위생 점검표(입실준비)

점검 항목	착용 및 실시 어부	점검결과		
		양호	보통	미흡
조리모				
두발의 형태에 따른 손질(머리망 등)				
조리복 상의				
조리복 바지				
앞치마				
스카프				
안전화				
손톱의 길이 및 매니큐어 여부				
반지, 시계, 팔찌 등				
짙은 화장				
향수				
손 씻기				
상처유무 및 적절한 조치				
흰색 행주 지참				
사이드 타월				
개인용 조리도구				

점검일 : 년 월 일 이름 :

일일 위생 점검표(퇴실준비)

점검 항목	착용 및 실시 여부	점검결과		
		양호	보통	미흡
그릇, 기물 세척 및 정리정돈				
기계, 도구, 장비 세척 및 정리정돈				
작업대 청소 및 물기 제거				
가스레인지 또는 인덕션 청소				
양념통 정리				
남은 재료 정리정돈				
음식 쓰레기 처리				
개수대 청소				
수도 주변 및 세제 관리				
바닥 청소				
청소도구 정리정돈				
전기 및 Gas 체크				

점검일 : 년 월 일 이름 :

일일 개인위생 점검표(입실준비)

점검일 : 년 월 일 이름 :				
점검 항목	착용 및 실시 여부	점검결과		
		양호	보통	미흡
조리모				
두발의 형태에 따른 손질(머리망 등)				
조리복 상의				
조리복 바지				
앞치마				
스카프				
안전화				
손톱의 길이 및 매니큐어 여부				
반지, 시계, 팔찌 등				
짙은 화장				
향수				
손 씻기				
상처유무 및 적절한 조치				
흰색 행주 지참				
사이드 타월				
개인용 조리도구				

일일 위생 점검표(퇴실준비)

점검일 : 년 월 일 이름 :				
점검 항목	착용 및 실시 여부	점검결과		
		양호	보통	미흡
그릇, 기물 세척 및 정리정돈				
기계, 도구, 장비 세척 및 정리정돈				
작업대 청소 및 물기 제거				
가스레인지 또는 인덕션 청소				
양념통 정리				
남은 재료 정리정돈				
음식 쓰레기 처리				
개수대 청소				
수도 주변 및 세제 관리				
바닥 청소				
청소도구 정리정돈				
전기 및 Gas 체크				

| 일일 개인위생 점검표(입실준비)

섬섬 항복	착용 및 실시 여부	점검결과		
		양호	보통	미흡
조리모				
두발의 형태에 따른 손질(머리망 등)				
조리복 상의				
조리복 바지				
앞치마				
스카프				
안전화				
손톱의 길이 및 매니큐어 여부				
반지, 시계, 팔찌 등				
짙은 화장				
향수				
손 씻기				
상처유무 및 적절한 조치				
흰색 행주 지참				
사이드 타월				
개인용 조리도구				

점검일 : 년 월 일 이름 :

| 일일 위생 점검표(퇴실준비)

점검 항목	착용 및 실시 여부	점검결과		
		양호	보통	미흡
그릇, 기물 세척 및 정리정돈				
기계, 도구, 장비 세척 및 정리정돈				
작업대 청소 및 물기 제거				
가스레인지 또는 인덕션 청소				
양념통 정리				
남은 재료 정리정돈				
음식 쓰레기 처리				
개수대 청소				
수도 주변 및 세제 관리				
바닥 청소				
청소도구 정리정돈				
전기 및 Gas 체크				

점검일 : 년 월 일 이름 :

일일 개인위생 점검표(입실준비)

점검 항목	착용 및 실시 여부	점검결과		
		양호	보통	미흡
조리모				
두발의 형태에 따른 손질(머리망 등)				
조리복 상의				
조리복 바지				
앞치마				
스카프				
안전화				
손톱의 길이 및 매니큐어 여부				
반지, 시계, 팔찌 등				
짙은 화장				
향수				
손 씻기				
상처유무 및 적절한 조치				
흰색 행주 지참				
사이드 타월				
개인용 조리도구				

일일 위생 점검표(퇴실준비)

점검일 : 년 월 일   이름 :

점검 항목	착용 및 실시 여부	점검결과		
		양호	보통	미흡
그릇, 기물 세척 및 정리정돈				
기계, 도구, 장비 세척 및 정리정돈				
작업대 청소 및 물기 제거				
가스레인지 또는 인덕션 청소				
양념통 정리				
남은 재료 정리정돈				
음식 쓰레기 처리				
개수대 청소				
수도 주변 및 세제 관리				
바닥 청소				
청소도구 정리정돈				
전기 및 Gas 체크				

일일 개인위생 점검표(입실준비)

전건 항목	차용 및 실시 여부	점검결과		
		양호	보통	미흡
조리모				
두발의 형태에 따른 손질(머리망 등)				
조리복 상의				
조리복 바지				
앞치마				
스카프				
안전화				
손톱의 길이 및 매니큐어 여부				
반지, 시계, 팔찌 등				
짙은 화장				
향수				
손 씻기				
상처유무 및 적절한 조치				
흰색 행주 지참				
사이드 타월				
개인용 조리도구				

점검일 : 년 월 일 이름 :

일일 위생 점검표(퇴실준비)

점검 항목	착용 및 실시 여부	점검결과		
		양호	보통	미흡
그릇, 기물 세척 및 정리정돈				
기계, 도구, 장비 세척 및 정리정돈				
작업대 청소 및 물기 제거				
가스레인지 또는 인덕션 청소				
양념통 정리				
남은 재료 정리정돈				
음식 쓰레기 처리				
개수대 청소				
수도 주변 및 세제 관리				
바닥 청소				
청소도구 정리정돈				
전기 및 Gas 체크				

점검일 : 년 월 일 이름 :

일일 개인위생 점검표(입실준비)

점검 항목	착용 및 실시 여부	점검결과		
		양호	보통	미흡
조리모				
두발의 형태에 따른 손질(머리망 등)				
조리복 상의				
조리복 바지				
앞치마				
스카프				
안전화				
손톱의 길이 및 매니큐어 여부				
반지, 시계, 팔찌 등				
짙은 화장				
향수				
손 씻기				
상처유무 및 적절한 조치				
흰색 행주 지참				
사이드 타월				
개인용 조리도구				

점검일 : 년 월 일 이름 :

일일 위생 점검표(퇴실준비)

점검 항목	착용 및 실시 여부	점검결과		
		양호	보통	미흡
그릇, 기물 세척 및 정리정돈				
기계, 도구, 장비 세척 및 정리정돈				
작업대 청소 및 물기 제거				
가스레인지 또는 인덕션 청소				
양념통 정리				
남은 재료 정리정돈				
음식 쓰레기 처리				
개수대 청소				
수도 주변 및 세제 관리				
바닥 청소				
청소도구 정리정돈				
전기 및 Gas 체크				

점검일 : 년 월 일 이름 :

일일 개인위생 점검표(입실준비)

전건 항목	착용 및 실시 여부	점검결과		
		양호	보통	미흡
조리모				
두발의 형태에 따른 손질(머리망 등)				
조리복 상의				
조리복 바지				
앞치마				
스카프				
안전화				
손톱의 길이 및 매니큐어 여부				
반지, 시계, 팔찌 등				
짙은 화장				
향수				
손 씻기				
상처유무 및 적절한 조치				
흰색 행주 지참				
사이드 타월				
개인용 조리도구				

점검일 : 년 월 일 이름 :

일일 위생 점검표(퇴실준비)

점검 항목	착용 및 실시 여부	점검결과		
		양호	보통	미흡
그릇, 기물 세척 및 정리정돈				
기계, 도구, 장비 세척 및 정리정돈				
작업대 청소 및 물기 제거				
가스레인지 또는 인덕션 청소				
양념통 정리				
남은 재료 정리정돈				
음식 쓰레기 처리				
개수대 청소				
수도 주변 및 세제 관리				
바닥 청소				
청소도구 정리정돈				
전기 및 Gas 체크				

점검일 : 년 월 일 이름 :

일일 개인위생 점검표(입실준비)

점검 항목	착용 및 실시 여부	점검결과		
	점검일 : 년 월 일 이름 :	양호	보통	미흡
조리모				
두발의 형태에 따른 손질(머리망 등)				
조리복 상의				
조리복 바지				
앞치마				
스카프				
안전화				
손톱의 길이 및 매니큐어 여부				
반지, 시계, 팔찌 등				
짙은 화장				
향수				
손 씻기				
상처유무 및 적절한 조치				
흰색 행주 지참				
사이드 타월				
개인용 조리도구				

일일 위생 점검표(퇴실준비)

점검 항목	착용 및 실시 여부	점검결과		
	점검일 : 년 월 일 이름 :	양호	보통	미흡
그릇, 기물 세척 및 정리정돈				
기계, 도구, 장비 세척 및 정리정돈				
작업대 청소 및 물기 제거				
가스레인지 또는 인덕션 청소				
양념통 정리				
남은 재료 정리정돈				
음식 쓰레기 처리				
개수대 청소				
수도 주변 및 세제 관리				
바닥 청소				
청소도구 정리정돈				
전기 및 Gas 체크				

일일 개인위생 점검표(입실준비)

점검 항목	착용 및 실시 여부	점검결과		
		양호	보통	미흡
조리모				
두발의 형태에 따른 손질(머리망 등)				
조리복 상의				
조리복 바지				
앞치마				
스카프				
안전화				
손톱의 길이 및 매니큐어 여부				
반지, 시계, 팔찌 등				
짙은 화장				
향수				
손 씻기				
상처유무 및 적절한 조치				
흰색 행주 지참				
사이드 타월				
개인용 조리도구				

점검일 : 년 월 일   이름 :

일일 위생 점검표(퇴실준비)

점검 항목	착용 및 실시 여부	점검결과		
		양호	보통	미흡
그릇, 기물 세척 및 정리정돈				
기계, 도구, 장비 세척 및 정리정돈				
작업대 청소 및 물기 제거				
가스레인지 또는 인덕션 청소				
양념통 정리				
남은 재료 정리정돈				
음식 쓰레기 처리				
개수대 청소				
수도 주변 및 세제 관리				
바닥 청소				
청소도구 정리정돈				
전기 및 Gas 체크				

점검일 : 년 월 일   이름 :

저자 소개

한혜영

현) 충북도립대학교 조리제빵과 교수
  어린이급식관리지원센터 센터장
· 세종대학교 조리외식경영학전공 조리학 박사
· 숙명여자대학교 전통식생활문화전공 석사
· 조리기능장
· Le Cordon bleu (France, Australia) 연수
· The Culinary Institute of America 연수
· Cursos de cocina espanola en sevilla (Spain) 연수
· Italian Culinary Institute For Foreigner 연수
· 롯데호텔 서울
· 인터컨티넨탈 호텔 서울
· 떡제조기능사, 조리산업기사, 조리기능장 출제위원 및 심사위원
· 한국외식산업학회 이사
· 농림축산식품부장관상, 식약처장상, 해양수산부장관상,
  산림청장상
· 대전지방식품의약품안전청장상, 충북도지사상
· KBS 비타민, 위기탈출넘버원
· 한혜영 교수의 재미있고 맛있는 음식이야기 CJB 라디오
  청주방송
· SBS 모닝와이드
· MBC 생방송오늘아침 등
· 파리, 대만, 홍콩, 알제리, 카타르, 싱가포르, 상해, 터키, 리옹,
  라스베이거스, 요르단, 쿠웨이트, 터키, 말레이시아, 미국, 오만,
  에콰도르, 파나마, 카타르, 몽골, 체코, 브라질, 네덜란드, 호주,
  일본 등 대사관 초청 한국음식 강의 및 홍보행사
· 순창, 임실, 옥천, 밀양, 화천, 봉화, 진천, 태백, 경주, 서산, 충주,
  양양, 웅진, 성주, 이천 등 메뉴개발 및 강의

저서
· 한혜영의 한국음식, 효일출판사, 2013
· NCS 자격검정을 위한 한식조리 12권, 백산출판사, 2016
· NCS 자격검정을 위한 한식기초조리실무, 백산출판사, 2017
· NCS 자격검정을 위한 알기쉬운 한식조리, 백산출판사, 2017
· NCS 한식조리실무, 백산출판사, 2017
· 조리사가 꼭 알아야 할 단체급식, 백산출판사, 2018
· 양식조리 NCS학습모듈 공동 집필 8권, 한국직업능력개발원,
  2018
· 동남아요리, 백산출판사, 2019
· 떡제조기능사, 비앤씨월드, 2020
· 푸드스타일링 실습, 충북도립대학교, 2020

김업식

현) 연성대학교 호텔외식조리과 호텔조리전공 교수
· 경희대학교 대학원 식품학 박사
· (주)웨스틴조선호텔 한식당 셔블 Chef
· 베트남 대우호텔 페스티벌 주관
· 일본 동경 웨스틴 호텔 한국음식 페스티벌 주관
· 서울국제요리대회 심사위원
· 용수산, 강강술래, 썬앳푸드 자문위원
· 메리어트호텔, 해비치호텔 자문위원
· 한국산업인력공단 감독위원
· 네바다주립대(U.N.L.V) 조리연수
· C.I.A. 조리연수, COPIA 와인연수

저서
· 21세기 한국음식, 효일출판사, 2012
· 주방시설관리론, 효일출판사, 2010
· 전통혼례음식, 광문각, 2007

박선옥

현) 충북도립대학교 조리제빵과 겸임교수
  인천재능대학교 호텔외식조리과 겸임교수
전) 우송정보대학 외식조리과 외래교수
  세종대학교 외식경영학과 외래교수
· 조리기능장
· 한국소울푸드연구소 대표
· 세종대학교 조리외식경영학과 박사과정
· 주 그리스 대한민국대사관 조리사
· 아름다운 우리 떡 은상 (한국관광공사)

신은채

현) 동원과학기술대학교 호텔외식조리과 교수
  양산시 시설관리공단 〈숲애서〉 자문위원장
· 한식조리기능사, 조리산업기사 감독위원
· 세종대학교 식품영양학과 이학사
· 서울대학교 보건대학원 보건학 석사
· 동아대학교 식품영양학과 이학박사
· 한식세계화 한식전문조리인력양성과정장
· 채널A 먹거리 X파일 착한식당 검증단

저자와의
합의하에
인지첩부
생략

한식조리 구이

2022년 3월 5일 초판 1쇄 인쇄
2022년 3월 10일 초판 1쇄 발행

지은이 한혜영·김업식·박선옥·신은채
펴낸이 진욱상
펴낸곳 (주)백산출판사
교　정 박시내
본문디자인 신화정
표지디자인 오정은

등　록 2017년 5월 29일 제406-2017-000058호
주　소 경기도 파주시 회동길 370(백산빌딩 3층)
전　화 02-914-1621(代)
팩　스 031-955-9911
이메일 edit@ibaeksan.kr
홈페이지 www.ibaeksan.kr

ISBN 979-11-6567-462-5 93590
값 15,000원